国家出版基金项目
NATIONAL PUBLICATION FOUNDATION

天津卷

Tianjin Volume

中国传统建筑

解析与传承

中华人民共和国住房和城乡建设部 编

THE INTERPRETATION AND INHERITANCE OF
TRADITIONAL CHINESE ARCHITECTURE

Ministry of Housing and Urban-Rural Development of
the People's Republic of China

中国建筑工业出版社

图书在版编目(CIP)数据

中国传统建筑解析与传承 天津卷/中华人民共和国住房和城乡建设部编. —北京：中国建筑工业出版社，2017.9

ISBN 978-7-112-21113-5

Ⅰ. ①中⋯ Ⅱ. ①中⋯ Ⅲ. ①古建筑-建筑艺术-天津 Ⅳ.①TU-092.2

中国版本图书馆CIP数据核字（2017）第202245号

责任编辑：吴 绫 李东禧 唐 旭 张 华 吴 佳
责任设计：王国羽
责任校对：李欣慰 关 健

中国传统建筑解析与传承 天津卷
中华人民共和国住房和城乡建设部 编

*

中国建筑工业出版社出版、发行（北京海淀三里河路9号）
各地新华书店、建筑书店经销
北京方舟正佳图文设计有限公司制版
北京富诚彩色印刷有限公司印刷

*

开本：880×1230毫米 1/16 印张：15¾ 字数：455千字
2017年10月第一版 2019年3月第二次印刷
定价：158.00元
ISBN 978-7-112-21113-5
　　　　（30725）

总　序

Foreword

　　几年前我去法国里昂地区，看到有大片很久以前甚至四百年前建造的夯土建筑，也就是干打垒房子，至今仍在使用。20世纪80年代，当地建设保障房小区时，要求一律建造夯土建筑，他们采用了现代夯土技术。西安科技大学的两位老师将这种技术引入国内，在甘肃、河北等多地建了示范房。现代夯土技术的改进点在于科学配比土与石子、使用模板和电动器具夯筑，传承了夯土建筑的优点，如造价低、节能保温，弥补了缺陷，抗震性增强，也美观，颇受农民的好评。我对这个事例很感兴趣并悟出一个道理，做好传承关键要具备两种精神：一是执着，坚信许多传统能够传承、值得传承。法国将传统干打垒房子当作好东西，努力传承，而我国虽然是生土建筑数量最多的国家，但今天各地却都视其为贫穷落后的标志，力图尽快消灭；二是创新，要下力气研究传统的优点及缺点，并用现代技术克服其缺点，赋予其现代功能，使传统文明成果在今天焕发新的生命力。这两方面的功夫我们都不够。

　　文明古国的中国，在实现现代化的进程中，只有十分自信、满腔热情地传承了优秀传统文化，才能受到全世界的尊重。建筑是一个民族生存智慧、工程技术、审美理念、社会伦理等文明成果最集中、最丰富的载体，其传承及体现是一个国家和民族富强与贫弱的标志。改变今天建筑缺失传统文化的局面，我们需要重新认识我国传统建筑文化，把握其精髓和发展脉络，挖掘和丰富其完整价值，探索传统与现代融合的理念和方法。2012年，住房和城乡建设部村镇建设司组织了首次传统民居全国普查，编纂了《中国传统民居类型全集》，其详细、准确、系统地展示了我国传统民居的地域性。在此基础上，2014年又启动了"传统建筑解析与传承"调查研究，这是第一次国家层面组织的该领域的大型调查研究，颇具价值：

　　价值一，它是至今对我国传统建筑文化最全面、最系统的阐释。第一，本次调查研究地域覆盖广，历史挖掘深，建筑类型多。31个省（市、区）开展了调查研究，每个省的研究也都覆盖了全域；一些省对传统建筑文化的追溯年代突破了记录；建筑类型不仅涵盖了官式建筑、庙宇、祠堂等，更涵盖了各类代表性民居。第二，更加注重从自然、人文、技术、经济几条主线解析传统建筑文化，而不是拘泥于建筑本身；不但阐释了传统建筑的物质形体，而且阐释了传统建筑文化的产生机制。第三，研究体例和解析维度保持了基本一致，各省都通过聚落格局、建筑群体与单体、细部与装饰、风格与装修对传统建筑进行解析。通过解析，大大丰富和提升了对我国传统建筑文化精髓的认识，如：中国传统建筑与自然相适应，和谐共生，敬天惜物；与生存实际相适应，容纳生产生活；与社会伦理相适应，井然有序；与发展相适应，灵活易变，是模块化的鼻祖。第四，内在形式统一，体现了中华文明的持久性和一致性；木结构等技术高度成熟，体现了中华民族的智慧；丰富的地区差异，体现了中华文化的多样性。一些研究基础较差的省，第一次对传统建筑有了全面认识；一些研究基础较好的省，又深化了认识。可以说，这次全面调查研究是对中国传统建筑文化的一次重新认识。

价值二，也是更重要的价值，它是就如何传承传统建筑文化、如何实现传统与现代融合这一难题，至今所进行的广泛深入的探索。第一，提出了更为本质、更具指导意义的传承理论和原则，如建筑文化的三大传承主线：自然、人文、技术；"形"的传承、"神"的传承、"神形兼备"的传承；适应性传承、创新性传承、可持续性传承等理论；坚持挖掘地域文化与建筑的关联性，坚持寻找并传承其最有价值和生命力的要素，坚持与时代发展相接轨等原则。第二，提出了更具操作性的传承方法和要点，如建筑肌理、应对自然环境、空间变异、建造方式、建筑材料、符号特征六方面的传承方法。第三，收集、展示、分析了近代以来大量的现代建筑探索传承的案例，既包括比较成功的，也包括比较失败的，具有很好的参考意义。同时也提出了应防止的误区。

价值三，唤起了对传统建筑文化的空前热情。通过这次研究，各地建设部门更加重视传统建筑文化的传承工作了，这将有利于扭转当前我国城乡建设缺乏传统文化的局面。在学术界，不仅老专家倾力投入，新参与的专家学者也越来越多，而且十分积极。过去研究传统建筑的专家学者与从事设计的建筑师交流不多，通过这次研究，两个群体融合到了一起，不仅有利于传承的研究，更有利于传承的实践。有的老专家说，等了几十年，终于等到国家组织这项工作了。

探索传统建筑文化与现代建筑的融合是难度极大的挑战，永远在路上。虽然本次调查研究存在着许多不足和局限，但第一次组织全国专业力量努力探索的成果，惠及当今，流芳百年，意义非凡，不仅具有中国意义，也具有世界意义。在此，谨向为成就这一大业，辛勤无私付出并作出卓越贡献的所有专家学者、建筑师和技术人员、各地建设部门领导和职工，表示衷心的感谢和崇高的敬意。此外，我还深深感受到，组织实施全国范围的、具有历史意义的调查研究，是其他组织和个人难以做到的，是中央部委必须承担的重要职责，今后还要多做。

住房和城乡建设部总经济师　赵晖

2016年9月

编委会

Editorial Committee

湖北卷编写组：

组织人员：万应荣、付建国、王志勇

编写人员：肖 伟、王 祥、李新翠、韩 冰、
张 丽、梁 爽、韩梦涛、张阳菊、
张万春、李 扬

湖南卷编写组：

组织人员：宁艳芳、黄 立、吴立玖

编写人员：何韶瑶、唐成君、章 为、张梦淼、
姜兴华、罗学农、黄力为、张艺婕、
吴晶晶、刘艳莉、刘 姿、熊申午、
陆 薇、党 航、陈 宇、江 嫚、
吴 添、周万能

调研人员：李 夺、欧阳铎、刘湘云、付玉昆、
赵磊兵、黄 慧、李 丹、唐娇致、
石凯弟、鲁 娜、王 俊、章恒伟、
张 衡、张晓晗、石伟佳、曹宇驰、
肖文静、臧澄澄、赵 亮、符文婷、
黄逸帆、易嘉昕、张天浩、谭 琳

广东卷编写组：

组织人员：梁志华、肖送文、苏智云、廖志坚、
秦 莹

编写人员：陆 琦、冼剑雄、潘 莹、徐怡芳、
何 菁、王国光、陈思翰、冒亚龙、
向 科、赵紫伶、卓晓岚、孙培真

调研人员：方 兴、张成欣、梁 林、林 琳、
陈家欢、邹 齐、王 妍、张秋艳

广西卷编写组：

组织人员：彭新唐、刘 哲

编写人员：雷 翔、全峰梅、徐洪涛、何晓丽、
杨 斌、梁志敏、尚秋铭、黄晓晓、
孙永萍、杨玉迪、陆如兰

调研人员：许建和、刘 莎、李 昕、蔡 响、
谢常喜、李 梓、覃茜茜、李 艺、
李城臻

海南卷编写组：

组织人员：霍巨燃、陈孝京、陈东海、林亚芒、
陈娟如

编写人员：吴小平、唐秀飞、贾成义、黄天其、
刘 筱、吴 蓉、王振宇、陈晓菲、
刘凌波、陈文斌、费立荣、李贤颖、
陈志江、何慧慧、郑小雪、程 畅

重庆卷编写组：

组织人员：冯 赵、吴 鑫、揭付军

编写人员：龙 彬、陈 蔚、胡 斌、徐千里、
舒 莺、刘晶晶、张 菁、吴晓言、
石 恺

四川卷编写组：

组织人员：蒋 勇、李南希、鲁朝汉、吕 蔚

编写人员：陈 颖、高 静、熊 唱、李 路、
朱 伟、庄 红、郑 斌、张 莉、
何 龙、周晓宇、周 佳

调研人员：唐 剑、彭麟麒、陈延申、严 潇、
黎峰六、孙 笑、彭 一、韩东升、
聂 倩

贵州卷编写组：

组织人员：余咏梅、王 文、陈清鋆、赵玉奇

编写人员：罗德启、余压芳、陈时芳、叶其颂、
吴茜婷、代富红、吴小静、杜 佳、
杨钧月、曾 增

调研人员：钟伦超、王志鹏、刘云飞、李星星、
胡 彪、王 曦、王 艳、张 全、
杨 涵、吴汝刚、王 莹、高 蛤

云南卷编写组：

组织人员：汪 巡、沈 键、王 瑞

编写人员：翟 辉、杨大禹、吴志宏、张欣雁、
刘肇宁、杨 健、唐黎洲、张 伟

调研人员：张剑文、李天依、栾涵潇、穆 童、

王祎婷、吴雨桐、石文博、张三多、
阿桂莲、任道怡、姚启凡、罗　翔、
顾晓洁

西藏卷编写组：

组织人员：李新昌、姜月霞、付　聪
编写人员：王世东、木雅·曲吉建才、拉巴次仁、
　　　　　丹　达、毛中华、蒙乃庆、格桑顿珠、
　　　　　旺　久、加雷
调研人员：群　英、丹增康卓、益西康卓、
　　　　　次旺郎杰、土旦拉加

陕西卷编写组：

组织人员：王宏宇、李　君、薛　钢
编写人员：周庆华、李立敏、赵元超、李志民、
　　　　　孙西京、王　军（博）、刘　煜、
　　　　　吴国源、祁嘉华、刘　辉、武　联、
　　　　　吕　成、陈　洋、雷会霞、任云英、
　　　　　倪　欣、鱼晓惠、陈　新、白　宁、
　　　　　尤　涛、师晓静、雷耀丽、刘　怡、
　　　　　李　静、张钰塈、刘京华、毕景龙、
　　　　　黄　姗、周　岚、石　媛、李　涛、
　　　　　黄　磊、时　洋、张　涛、庞　佳、
　　　　　王怡琼、白　钰、王建成、吴左宾、
　　　　　李　晨、杨彦龙、林高瑞、朱瑜葱、
　　　　　李　凌、陈斯亮、张定青、党纤纤、
　　　　　张　颖、王美子、范小烨、曹惠源、
　　　　　张丽娜、陆　龙、石　燕、魏　锋、
　　　　　张　斌
调研人员：陈志强、丁琳玲、陈雪婷、杨钦芳、
　　　　　张豫东、刘玉成、图努拉、郭　萌、
　　　　　张雪珂、于仲晖、周方乐、何　娇、
　　　　　宋宏春、肖求波、方　帅、陈建宇、
　　　　　余　茜、姬瑞河、张海岳、武秀峰、
　　　　　孙亚萍、魏　栋、千　金、米庆志、
　　　　　陈治金、贾　柯、刘培丹、陈若曦、
　　　　　陈　锐、刘　博、王丽娜、吕咪咪、
　　　　　卢　鹏、孙志青、吕鑫源、李珍玉、
　　　　　周　菲、杨程博、张演宇、杨　光、

邸　鑫、王　镭、李梦珂、张珊珊、
惠禹森、李　强、姚雨墨

甘肃卷编写组：

组织人员：蔡林峥、任春峰、贺建强
编写人员：刘奔腾、张　涵、安玉源、叶明晖、
　　　　　冯　柯、王国荣、刘　起、孟岭超、
　　　　　范文玲、李玉芳、杨谦君、李沁鞠、
　　　　　梁雪冬、张　睿、章海峰
调研人员：马延东、慕　剑、陈　谦、孟祥武、
　　　　　张小娟、王雅梅、郭兴华、闫幼锋、
　　　　　赵春晓、周　琪、师宏儒、闫海龙、
　　　　　王雪浪、唐晓军、周　涛、姚　朋

青海卷编写组：

组织人员：杨敏政、陈　锋、马黎光
编写人员：李立敏、王　青、马扎·索南周扎、
　　　　　晁元良、李　群、王亚峰
调研人员：张　容、刘　悦、魏　璇、王晓彤、
　　　　　柯章亮、张　浩

宁夏卷编写组：

组织人员：杨　普、杨文平、徐海波
编写人员：陈宙颖、李晓玲、马冬梅、陈李立、
　　　　　李志辉、杜建录、杨占武、董　茜、
　　　　　王晓燕、马小凤、田晓敏、朱启光、
　　　　　龙　倩、武文娇、杨　慧、周永惠、
　　　　　李巧玲
调研人员：林卫公、杨自明、张　豪、宋志皓、
　　　　　王璐莹、王秋玉、唐玲玲、李娟玲

新疆卷编写组：

组织人员：马天宇、高　峰、邓　旭
编写人员：陈震东、范　欣、季　铭

主编单位：

中华人民共和国住房和城乡建设部

参编单位：

北京卷：北京市规划委员会

北京市勘察设计和测绘地理信息管理办公室

北京市建筑设计研究院有限公司

清华大学

北方工业大学

天津卷：天津市城乡建设委员会

天津大学建筑设计规划研究总院

天津大学

河北卷：河北省住房和城乡建设厅

河北工业大学

河北工程大学

河北省村镇建设促进中心

山西卷：山西省住房和城乡建设厅

北京交通大学

太原理工大学

山西省建筑设计研究院

内蒙古卷：内蒙古自治区住房和城乡建设厅

内蒙古工业大学

辽宁卷：辽宁省住房和城乡建设厅

沈阳建筑大学

辽宁省建筑设计研究院

吉林卷：吉林省住房和城乡建设厅

吉林建筑大学

吉林建筑大学设计研究院

吉林省建苑设计集团有限公司

黑龙江卷：黑龙江省住房和城乡建设厅

哈尔滨工业大学

齐齐哈尔大学

哈尔滨市建筑设计院

哈尔滨方舟工程设计咨询有限公司

黑龙江国光建筑装饰设计研究院有限公司

哈尔滨唯美源装饰设计有限公司

上海卷：上海市规划和国土资源管理局

上海市建筑学会

华东建筑设计研究总院

同济大学

上海大学

上海市城市建设档案馆

江苏卷：江苏省住房和城乡建设厅

东南大学

浙江卷：浙江省住房和城乡建设厅

浙江大学

浙江工业大学

安徽卷：安徽省住房和城乡建设厅

合肥工业大学

福建卷：福建省住房和城乡建设厅
　　　　厦门大学

江西卷：江西省住房和城乡建设厅
　　　　南昌大学
　　　　江西省建筑设计研究总院
　　　　南昌大学设计研究院

山东卷：山东省住房和城乡建设厅
　　　　山东建筑大学
　　　　山东建大建筑规划设计研究院
　　　　山东省小城镇建设研究会
　　　　山东大学
　　　　烟台大学
　　　　青岛理工大学
　　　　山东省城乡规划设计研究院

河南卷：河南省住房和城乡建设厅
　　　　郑州大学
　　　　河南大学
　　　　河南理工大学
　　　　郑州大学综合设计研究院有限公司
　　　　河南省城乡规划设计研究总院有限公司
　　　　河南大建建筑设计有限公司
　　　　郑州市建筑设计院有限公司

湖北卷：湖北省住房和城乡建设厅
　　　　中信建筑设计研究总院有限公司

湖南卷：湖南省住房和城乡建设厅
　　　　湖南大学
　　　　湖南大学设计研究院有限公司
　　　　湖南省建筑设计院

广东卷：广东省住房和城乡建设厅
　　　　华南理工大学
　　　　广州瀚华建筑设计有限公司
　　　　北京建工建筑设计研究院

广西卷：广西壮族自治区住房和城乡建设厅
　　　　华蓝设计（集团）有限公司

海南卷：海南省住房和城乡建设厅
　　　　海南华都城市设计有限公司
　　　　华中科技大学
　　　　武汉大学
　　　　重庆大学
　　　　海南省建筑设计院
　　　　海南雅克设计有限公司
　　　　海口市城市规划设计研究院
　　　　海南三寰城镇规划建筑设计有限公司

重庆卷：重庆市城乡建设委员会
　　　　重庆大学
　　　　重庆市设计院

四川卷：四川省住房和城乡建设厅
　　　　西南交通大学
　　　　四川省建筑设计研究院

贵州卷：贵州省住房和城乡建设厅
　　　　贵州省建筑设计研究院
　　　　贵州大学

云南卷：云南省住房和城乡建设厅
　　　　昆明理工大学

西藏卷：西藏自治区住房和城乡建设厅
西藏自治区建筑勘察设计院
西藏自治区藏式建筑研究所

陕西卷：陕西省住房和城乡建设厅
西安建大城市规划设计研究院
西安建筑科技大学建筑学院
长安大学建筑学院
西安交通大学人居环境与建筑工程学院
西北工业大学力学与土木建筑学院
中国建筑西北设计研究院有限公司
中联西北工程设计研究院有限公司
陕西建工集团有限公司建筑设计院

甘肃卷：甘肃省住房和城乡建设厅
兰州理工大学
西北民族大学

甘肃省建筑设计研究院

青海卷：青海省住房和城乡建设厅
西安建筑科技大学
青海省建筑勘察设计研究院有限公司
青海明轮藏传建筑文化研究会

宁夏卷：宁夏回族自治区住房和城乡建设厅
宁夏大学
宁夏建筑设计研究院有限公司
宁夏三益上筑建筑设计院有限公司

新疆卷：新疆维吾尔自治区住房和城乡建设厅
新疆建筑设计研究院
新疆佳联城建规划设计研究院

目 录

Contents

第三章　天津市老城厢传统建筑研究

第四章　天津市杨柳青传统建筑研究

第五章　天津市蓟州区传统建筑研究

第六章　天津古建筑、民居空间与装饰文化特色解析

第七章　老城区近代建筑

前　言

Preface

当今的中国城市正在经历一个历史上前所未有的建设高峰期。自改革开放以来，中国的建筑设计已经逐步与国际接轨，并且某些城市建筑呈现出"新奇求洋"的趋势。当代建筑设计中，"国际化"是一个不可避免的大潮流，但"民族化"也是不能不重视的另一个方面，毕竟"民族的就是世界的"。"国际化"和"民族化"应如硬币的两面，相辅相成、相得益彰。中华民族几千年来的灿烂文化以及独特建筑体系，应该在当代建筑中得以传承和发展。如何将当代建筑设计"民族化"，或者说将中国传统建筑"现代化"，将中国的建筑文脉延续下去，是当代中国建筑设计的一个重要课题。

本书作为"中国传统建筑解析与传承"系列丛书中的一卷，通过解析天津当代现存的丰富的古代、近代建筑遗产，以指导天津当代的建筑设计，深入了解天津当代建筑的地域性和民族性，延续天津历史文化名城的城市特色。天津建卫600年，是一座依托海河、运河发展起来的商业城市，同时作为中国最早的沿海开放城市，城市历史建筑具有明显的五方杂处、中西合璧的建筑特色。本书从天津的地理、历史、人文特色出发，以天津依河傍海的城市特色为主线，深入解析天津的历史建筑特色，并将其与当代建筑中传承传统文化的优秀案例结合起来。这些植根于天津传统文化土壤的优秀建筑设计，其设计思路、理念应在当代建筑设计中被弘扬和发展。

本书分为上、下两篇，上篇为天津传统建筑与近代建筑解析，下篇为天津当代建筑传承人。在上篇对天津古代建筑以地域分类，力图将建筑特色与文化、民俗、风情结合在一起进行阐述，展现天津传统建筑的独特之处。近代建筑部分是天津建筑文化的一个特色，同样按地域分为老城区和租界区两个部分，老城区近代建筑可以看作是中国传统建筑最早的"近代化"建筑实践，对于当代建筑设计颇有启迪；租界区近代建筑则是一部鲜活的"西方近代建筑史"，并且具有一定的天津地域特色和中国传统文化特色。对于近代建筑的特色，则是从空间、装饰、材料等特色方面进行解析，与下篇当代部分前后呼应。当代建筑部分则以形成地域风格建筑的自然、文化、技术等元素出发，从自然环境、传承文脉、空间变异、形体装饰、材料工艺等方面对当代建筑的优秀案例进行解析，力图对当代天津的建筑设计起到抛砖引玉的作用。

中国作为一个在世界上有越来越大影响力的大国，应该有更强的文化自尊心和自信心屹立于世界民族之林，弘扬传统建筑的文化精髓、传承传统建筑的建筑文脉、展现中国传统文化的独特魅力，这是当代中国赋予建筑设计者义不容辞的社会责任。

第一章　绪论

本章主要为天津市地理历史背景和建筑分地区概述，并对天津的建筑发展历程在纵向上进行了大概的梳理总结，在横向上与邻近的河北省进行了对比和分析。在这之前，本章专辟一小节对本书的体例进行了说明，并解决了"天津近代建筑算不算天津传统建筑"这个模棱两可的问题，为本书的整体结构打下基础。

第一节　关于本书体例的说明

本书为"中国传统建筑解析与传承"丛书中的天津卷，分为上下两篇，上篇为天津传统建筑和近代建筑的解析，下篇为天津当代建筑的传承。

天津既承载了悠久的华夏民族传统，又是近代中国最早被迫开放的一批通商口岸城市，也是晚清"洋务运动"和民国初年"北洋新政"的重要试验田。不仅保存了建城六百年来的大批民族传统建筑（蓟州区等地还留有辽代独乐寺等更早的建筑），还留下了大量具有外来文化特色的近代建筑遗存。

在上篇对中国传统建筑的解析中，反映古代中华民族文明长期传承的传统建筑自不待言。关于这类建筑，将以按区域划分的方式加以阐述。原因在于，天津地区现存的中国传统建筑分布和特色呈现了不同区域间的差异。这种区域差异有其特定的历史成因，或源于不同历史时期的兴衰，或特定的区域经济文化特色。按区域解析，可在天津的中国传统建筑一般特点之外，呈现出某种区域内共性或区域间差异。

除了传承中华民族古代传统的建筑外，新中国成立前天津城市留下的最具地域特色建筑当为近代建筑。

近代建筑遗存，从某种意义上说，是天津的城市风貌特色，近代意租界即今天的"意式风情街"，近代英租界居住区即今天的"五大道"等，已经成为天津的城市名片，与天津老城厢的中式传统建筑相互呼应，共同构成了天津独特的历史文化风貌。

而在对于天津城市文化特质的解析中，我们总结出了"水文化""市井文化""洋楼文化"和"民俗文化"四大特质。在对天津城市规划与建筑史的深入研究中发现，这些文化特质大多与天津的近代史有千丝万缕的联系。"水文化"依托天津海河、运河及靠近渤海湾的优越地理环境，形成了融合、流动、公平的古代及近代商业文化；商业文化的发展催生了"市井文化"，传统会馆、戏台建筑以及近代租界中留存的大批剧院、商业、旅馆建筑都是天津过去繁华的商业市井文化的见证；而高度发达的市井文化又促进了"洋楼文化"的发展，近代众多的政界、商界、文化名人来天津建宅寓居，已经成了一种文化现象，这与天津商业、娱乐业的发达、生活的便利有非常大的关系。综上所述，天津城市文化特质的形成，其实已经与近代建筑密不可分了。

现在常用的"天津近代建筑"一语，通常指外来文化影响下的天津建筑。它们的产生伴随着中国近代历史，大多位于晚清以后的天津"九国租界"内。天津的近代建筑，虽有在西方列强入侵下被迫开放的屈辱背景，也有学习、借鉴西方实现民族自强的一面，呈现出紧随工业革命后西方建筑变革的特征，并在近代就进行了诸多传统建筑现代化的尝试，在中国建筑步入近现代的发展历程中具有非常积极的意义。

工业革命后，西方建筑在百余年时间里仍以延续其传统艺术风格为主，在对外经济文化扩张中，这类建筑却成了先进文明的代表。相当一部分天津近代建筑体现了这一历史现实。同时，"九国租界"、"学习、借鉴、自强"等历史背景，使紧随当时欧美建筑发展潮流的天津近代建筑，体现了多国外来建筑、工业化以来不同历史阶段建筑以及中国传统建筑文化与西方建筑艺术的兼容并蓄。这种情况，显然赋予天津城市的近代历史特色，是中国建筑历史近代沿革的重要组成部分，不能不对其后的建筑发展产生影响，特别是在联系城市文脉的建筑艺术中不可忽视。

因此，本书将天津具有外来特征的近代建筑归为上篇，并作为一个承上启下的部分，联系中国传统建筑与中国当代建筑，成为中国传统建筑力图借鉴西方并实现民族建筑近代化、现代化的有力实践，同时总结天津近代城市风貌对当代的影响。

对天津近代建筑传统的解析采用以时间顺序阐述的方式。天津近代建筑的最突出特点，是紧随当时欧美"先进"国家的建筑发展。各国租界中的建筑虽有这样、那样的差异，但这些差异在建筑文化传承方面的意义，远不如整体上体现在时间顺序中的、与西方工业化国家19世纪末到20世纪初的建筑演变一致的沿革。

本书的下篇是以天津当代建筑同周围自然与人文环境的关联来横向分类的，如建筑与自然环境、建筑与传统文脉、建筑与传统建筑形象元素等。这种分类方式有几方面的原因：

一、中国的当代城市，普遍地存在传统断裂的问题。在新中国成立以来的相当长的时间里，除了一些特殊建筑外，迎合经济文化环境的建筑，形式上大多简约地反映基本功能和材料特征，"实用、经济、在可能条件下注意美观"的原则与西方"现代主义建筑"的最一般原则基本一致。在改革开放后的相当长的时间里，则更多地受国际上各种当代流行艺术的影响。专注于继承传统的建筑艺术探讨，更多是近20年的事情。

二、谈到"建筑传统"，最容易令人想到的是，联系于建造方式的一些直观建筑艺术形式传承。事实上，建筑的深层传统是植根于所在地区的自然环境和人文脉络的。历史上不同文化环境中的建筑，往往基于这类因素，在不知不觉中形成了自身传统。在其更富于艺术表现力的各种表面形式下，这类因素往往产生重要的潜在影响。当建筑设计自觉关注这类因素时，虽然新技术不可避免地取代旧有的建造方式，尽管不一定明确提出传统形式问题，但形成传统的基础原因已经在起作用了。另外，所谓"传统"也是在应对现实问题中不断变革自身的，结合新技术应对城市化、信息化、老龄化和可持续发展的许多当代建筑，必然带来传统的深刻变革。这种变革，在传统延续中是不可避免的。

三、除了满足使用功能外，建筑直接的文化价值经常来自其艺术形式特征。就此来探讨传统，就涉及了直观艺术形象的传承。许多历史上的建筑形象元素，往往体现地区文化特色，联系于一个地区居民对自身长期生活环境的认同。因此，为避免工业化时代经常出现的"千城一面"，并针对某些精神需求，应当注意借鉴历史上留下的建筑艺术形式，让富于艺术美的，特别是有特定地域历史特色的旧有形象元素，在当代建筑环境中创造实现其可能的价值。

四、作为一个大型城市，天津的当代建筑类型、具体建造环境多种多样。同一时期不同建筑的主要设计出发点也呈现了各种差异。因此，横向的分类更能反映建筑艺术同传统相关的各种情况。

第二节　天津市地理历史背景与建筑分地区概述

天津，简称津，现中国四个中央政府直辖市之一，域内自新石器以来就有人类居住的历史，明永乐二年十一月二十一日（1404年12月23日）正式筑城。1840年第一次鸦片战争后，天津成为中国北方第一批开埠的港口城市，一度出现"九国租界"，又是晚清"洋务运动"和"北洋新政"的重要试验田，民国时期曾为天津特别市和直辖市，近代经济文化发展活跃。中华人民共和国成立，特别是改革开放后，又经历了巨大发展。600多年的城市沿革，造就了天津中西合璧、古今兼容的独特城市风貌。经过新中国成立后的一系列行政区划调整后，今天的天津下辖16个市辖区。16个市辖区包括市内六区（和平区、河东区、河西区、南开区、河北区、红桥区），环城四区（东丽区、西青区、津南区、北辰区），滨海新区、远郊区（武清区、宝坻区、宁河区、静海区、蓟州区）。

一、地理位置

天津位于亚欧大陆东岸，东临渤海，北依燕山，坐落在华北平原海河水系五大支流汇流处。包含周围县市的天津地区地貌总轮廓为西北高、东南低，除西北与燕山南侧接壤之处为丘陵山地外，冲积平原和洼地约占93%，成扇状展开，东南滨海。山地多为千米以下，最高峰九山顶海拔1078.5米，平原洼地最低海拔3.5米。

明代天津在平原上联系古代漕运，依三岔口海河干流起点而建，因同首都的关系与河海运输的地位，有"河海要冲""天子津梁"和"畿辅门户"之称。近代租界形成以来，城市发展也有诸多变迁。今天的天津市全域南北长189

千米，西东宽117千米，面积11760.26平方公里，海岸线长153千米，海河干流在城市中心地带蜿蜒穿过。

二、气候特点

天津地处北温带，因地理环境特征，属暖温带半湿润季风性气候带，四季分明，春季多风，干旱少雨；夏季炎热，雨水集中；秋季天气爽凉，冷暖适中；冬季寒冷，干燥少雪。年平均气温约为14℃，7月最热，月平均温度28℃；历史最高温度是41.6℃。1月最冷，月平均温度-2℃。历史最低温度是-17.8℃。年平均降水量在360～970毫米之间（1949～2010年），平均值600毫米上下。

三、历史沿革

（一）秦汉及以前

天津地区远古曾是海洋，经黄河改道前泥沙冲积形成陆地，新石器时代即有人类居住遗迹，汉武帝在天津市附近的武清县域设置盐官。

（二）隋唐时期

隋大业四年（公元608年），为"兴辽东之役"，开凿永济渠，"自洛口开渠达于涿郡，以通运漕。"永济渠上游行曹操平虏渠旧道，过今天津独流后折向西北，穿越冀中洼地达幽州，不经今天的天津市区。

唐朝在今天津芦台开辟了盐场，在宝坻设置盐仓。

我国现存三大辽代遗构之一独乐寺，据考证部分木构架为唐代遗存，应始建于唐代。

（三）宋辽金元时期

辽在今天津武清设立了"榷盐院"，管理盐务。

现存蓟州区独乐寺的山门和观音阁建于辽统和二年（984年），观音阁是中国现存最古老的楼阁式木结构建筑。

金在三岔口设直沽寨，元改直沽寨为海津镇，继续强化这里作为漕粮运输转运中心的地位，并设立大直沽盐运使司，管理盐的产销。直沽寨、海津镇成为今天津市最直接的城镇前身。南运河与北运河在今日天津三岔河口交汇，从此天津成为漕运的枢纽。

（四）明清时期

明建文二年（1400），燕王朱棣在此渡过大运河南下争夺皇位。朱棣成为皇帝后，为纪念由此起兵的"靖难之役"，在明永乐二年十一月二十一日（1404年12月23日）将此地改名为天津，即天子经过的渡口之意。作为军事要地，在三岔河口西南的小直沽一带，天津开始筑城设卫，称天津卫，揭开了天津城市发展新的一页。天津老城厢即建于明永乐二年（1404年），位于南运河（京杭大运河海河以南段）与海河之间的三角地带。

清顺治九年（1652年），天津卫、天津左卫和天津右卫三卫合并为天津卫，设立民政、盐运和税收、军事等建置。清雍正三年（1725年）升天津卫为天津州。清雍正九年（1731年）升天津州为天津府，辖六县一州。

1860年，第二次鸦片战争后，天津被迫开埠，1900年八国联军入侵，天津老城于1900年11月26日被八国联军拆毁，四段城墙改成了四条马路。从1860年开始，英、法、美、德、日、俄、意、比、奥等9个帝国主义国家先后在天津设立了租界，天津九国租界的形成大致分为三个阶段。

第一阶段：英、法、美租界的开辟。1860年，英法联军发动的第二次鸦片战争迫使清政府签订了中英、中法《北京条约》，天津开埠成为通商口岸。同年12月7日，划海河西岸紫竹林、下园一带为英租界，次年6月，法、美两国亦在英租界南北分别设立租界。

第二阶段：德、日租界的开辟与英租界的扩张。首先，德国于1895年在海河西岸开辟租界。1896年日本在法租界以西开辟租界。1897年，英国强行将其原租界扩张到墙子河（今南京路）北侧。

第三阶段：九国租界的形成。1900年八国联军入侵，俄国于1900年在海河东岸划定租界，比利时于1902年在俄租界之南划租界地，意大利也于同年在俄租界之北开辟租界，最后奥匈帝国在意租界以北占地为租界。与此同时，英、法、日、德四国又趁机扩充其租界地，最后形成了九国租界聚集海河两岸（1902年美租界并入英租界，实际上为八国租界），总计占地23350.5亩（约1557.5公顷）的格局。而当时的天津老城厢占地2940亩（约196公顷），约为租界地的1/8。

在开埠与列强入侵的同时，天津作为清代直隶总督的驻地，也成为李鸿章和袁世凯兴办洋务和发展北洋势力的主要基地，今天津市河北区、塘沽等区域的城市和民族工业得到发展。

（五）民国时期

民国初期，国内多年军阀混战，租界建设却由于"治外法权"而进入高潮期。同时，由于租界的特殊地位，天津在中国政治舞台上扮演了重要角色，众多清代遗老及政客到此客居。

1928年6月，国民革命军占领天津，南京国民政府设立天津特别市。1930年6月，天津特别市改为南京国民政府行政院直辖的天津市。同年11月，因河北省省会由北平迁至天津，天津由直辖市改为省辖市。1935年6月，河北省省会迁往保定，天津又改为直辖市。在政府和工商、文化界的推进下，租界以外，特别是河北区的近代规划建设得到发展。

1937年，日本侵华战争全面爆发，租界外地区被日本全面统治。太平洋战争爆发后，日本亦强行占领了其他国家租界。为了巩固统治和长期占有，日本对天津进行了较全面的城市规划，但因战争实施有限。

九国租界中，德、奥租界于1919年第一次世界大战后收回，俄租界于1924年收回，比租界于1931年收回，其余各国租界均在1945年抗日战争后收回。

（六）中华人民共和国成立后

1949年2月，天津被确立为中央直辖市。1958年2月天津划归河北省，1967年1月恢复直辖市。新中国成立后的

天津长期为重要工商业基地，城市经济文化走向新的繁荣，但由于各种原因，城市中心区长期维持近代以来的基本面貌。

改革开放后，天津城市建设形成新的建设、改造高潮。尤其是20世纪90年代后，新的城市建设明显加速。进入21世纪，大量新建筑使天津城市面貌发生巨大改观，也使建设和发展与历史城市面貌保护之间出现新的矛盾。

四、分地区建筑概述

纵观天津市的建筑发展历程，市内六区、环城四区、滨海新区、远郊区的发展轨迹较为不同，各有侧重，现分地区进行概述。

（一）市内六区建筑

天津的老城厢、各国租界和近代"北洋新政"建设均在市内六区，该区域保留了众多古代传统建筑遗产和几乎全部的近代建筑遗产，汇集了古代到近代中外多种建筑风格，特别是原租界地内迎合西方近代建筑发展各阶段的多种建筑形式，构成极富特色的城市面貌，也赢得"近代建筑博览会"的美誉。作为城市核心区，这里也是新中国成立后最繁荣的区域。

改革开放特别是20世纪90年代以来，城市道路开拓与大量大规模、成片域的当代新颖建筑改变了许多城市地段的旧有城市面貌，形成全新的建筑环境。由于独特的近代城市形象所具有的突出价值和当代城市地位和发展需求，形成新建筑、新环境与历史遗产保护在冲突与协调中并进的情况。

（二）环城四区建筑

环城四区历史上多为自然发展的区域。历史比较悠久的当属西青区杨柳青镇。杨柳青因靠近京杭大运河南运河段，借漕运而发展繁荣，年画、剪纸、砖雕石刻、民间花会等民间艺术与民俗活动发达。杨柳青旧有的戏楼、牌坊、文昌阁称为杨柳青三宗宝，现在文昌阁尚存。位于镇中的清末建筑

石家大院以其规模宏大、建筑华美而驰名华北。

杨柳青当代的商业建筑设计以仿古为主，着力打造历史文化名镇。其他教育办公等公共建筑和住宅建筑风格与国内大量小城市相似，求时代新颖性又受经济条件限制，相对特色不甚突出。

（三）滨海新区建筑

滨海新区包括塘沽、汉沽和大港三个区。塘沽因为靠海，自古有鱼盐之利，长芦盐厂是塘沽最大的盐厂（图1-2-1）。作为中国近代化学工业的发源地，著名的"永久黄"团体即是依托长芦盐的资源优势和近代铁路的交通优势在塘沽发展起来的，永利制碱厂曾经是塘沽乃至天津市的最高建筑（图1-2-2）。塘沽因为"京津海上门户"的重要位置，成为晚清重要的军事要塞，在"洋务运动"中兴建了大批的军事工业，现存

图1-2-1　原久大盐滩（来源：《天津老照片》）

图1-2-2　原永利制碱厂（来源：网络）

有北洋水师大沽船坞旧址、大沽炮台等一批近代历史遗存。

1994年3月，天津市决定在天津经济技术开发区、天津港保税区的基础上"用十年左右的时间，基本建成滨海新区"。经过10余年自主发展后，滨海新区经济发展和城市建设进入新时期，出现了不少优秀设计案例。

（四）远郊区建筑

远郊区历史建筑主要集中在宝坻区和蓟州区。宝坻区地处于京津两城中间，自古佛教兴盛，现存始建于辽代的宝坻石经幢和大觉寺。蓟州区的独乐寺是中国仅存的三大辽代寺院之一，并有白塔、文庙、朝阳庵等一批传统建筑文化遗产留存至今。另保存有官场村张家大院等一批有特色的民居建筑。

远郊区新中国成立后的城市建设较为落后，城市规划较为千篇一律，新建建筑也多是国际式方盒子。

五、各分区的文化特征与建筑特征之间的关系

天津的中国传统建筑主要分布在老城厢及附近、杨柳青、蓟州区三个地区，近代建筑主要分布在近代租界区和老城区内，即现在的和平区、南开区、红桥区、河北区。

老城厢和杨柳青的传统建筑主要受"河""海"文化和商业市井文化的影响。天津老城厢的传统建筑类型与中国其他传统城市并无大异，只是由于其商业城市的性质，各地商人迁居来津，他们把各地的风土人情、建筑文化也带入进来，并融汇于天津的本土文化中。特别是商业建筑、行会建筑和民居建筑，建造者往往根据自己的意愿和风俗习惯，把家乡的建筑特征和天津的地域条件综合起来，使得天津的传统建筑形式不拘一格。杨柳青镇同样兴于漕运，建筑风格与老城厢地区相似，但地方民俗文化的影响更深。

蓟州区的传统建筑主要受到传统文化和山水文化的影响。蓟州独乐寺、白塔、文庙等均为传统儒释道家的宫观庙宇。因为蓟州区多山，当地的民居建筑出现了以石块与砖混合砌筑的独特模式，甚至在朝阳庵等建筑中出现了石梁、石柱的构造做法。

天津的近代建筑则具有殖民地文化与传统文化融合的典型特征。初期的近代建筑（1860～1919年）这种融合特征更为明显，随着租界进入发展扩张的繁荣，建筑类型更为多样，近代建筑则更多地表现出追随西方建筑潮流发展的特点，天津"万国建筑博览会"的称号即源于此。

第三节　天津建筑发展历程

一、传统建筑的传承

在近代以前，以老城厢为中心的天津是座典型的中国传统城市。明永乐二年(1404年)设卫筑城的天津卫城为土筑，垣长9里13步，高2丈5尺，设4门城楼。明弘治初年，改建成砖城，四门上重建城楼，并分别题名为：镇东、定南、安西、拱北。城市平面东西宽，南北窄，呈矩形，状如算盘，也称算盘城。城中心有沟通南北东西的十字街，向外延伸可通四乡大道，十字街交叉处建鼓楼。卫城初建，当局设管理漕粮盐和政务的机构衙门、仓廒、文庙、武庙、卫学、清军厅、集市等，老城厢城市布局与中国其他传统城市无异。

因为漕运的兴盛，天津老城迅速吸引富豪商贾，成为中国北方的经济重镇。直至新中国成立后，老城厢内依然保存有不少的传统特色民居，如现为老城厢博物馆的徐朴庵旧居，即徐家大院，就是天津典型的"四合套"民居大院。近代天津有"天津八大家"之说，"卞家大院""李家大院"等许多大户人家布局宏大、雕刻精美的宅邸也曾经散落在老城厢内，以传统商业发家的富豪在20世纪前都居住在老城厢的传统四合院里，直至1900年"庚子事变"后才陆续迁出。漕运的兴盛同时带来商业的繁荣，老城厢十字街是天津老城繁华的商业中心，老城北门、东门等地区也形成了衣店街、鱼市街、铁工街等传统商业中心。

二、传统建筑的变异

作为一座"五方杂处"的商业城市，从全国各地前来经商的商贾们为了营业、团聚方便，兴建了大批会馆建筑，"会馆，是同省、同府、同县或同业的人在京城、省城或大商埠设立的机构，主要以馆址的房屋供同乡、同业聚会或寄寓"[①]，这种民间行会建筑在天津一直非常兴盛。天津现存会馆建筑有广东会馆、山西会馆、山东会馆等，其中保存最完整、规模最大、装修最精致的清代会馆建筑为位于老城厢鼓楼附近的广东会馆。

另外，天津传统城市建设中非常重要的特点，是各种传统宗教、祠庙建筑的兴盛，天南海北各地商人在天津聚集，也带来了各自不同的宗教信仰在天津的扎根和发展。

据清乾隆四年（1739年）的《天津县城图》（图1-3-1）所示，当时天津老城厢内外就有文庙、武庙、三宫庙、天后宫、大悲庵等二十余座庙宇，现存的建筑有文庙、天后宫、大悲院、玉皇阁，清真大寺等。老城厢地区的宗教建筑不仅供奉各种儒释道教的神仙、人物，还有中国北方地区非常少见的供奉妈祖的天后宫，以及伊斯兰教建筑——清真大寺。

天津城外，杨柳青的宗教祭祀传统也非常兴盛（图

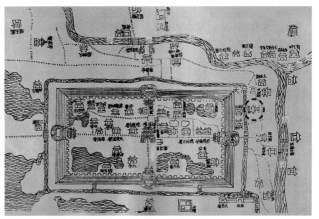

图1-3-1　清乾隆四年（1739年）天津县城图（来源：《天津老城厢》；改绘：张猛）

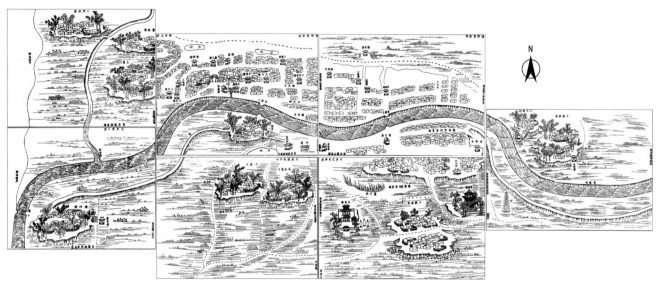

图1-3-2 道光年间《津门保甲图》（来源：《杨柳青镇志》）

1-3-2），"从元代至民国，杨柳青镇内，先后建有大小庙宇34座，均为佛道主持。1949年全镇有基督教、天主教及其他会道门22个，入会男女达2060人，可见宗教在本镇的发展规模及其影响之大，是少见的佛门圣地。清末民初，维新之风日盛，举足轻重之士多改庙兴学，或致力于商业的拓展而任其庙宇坍塌，至今除文昌阁尚存外，其余全部消失，成为历史。"[①]

三、多样化且紧随世界潮流的近代建筑

1860年开埠后的天津经过近代的发展，至1937年日军全面侵华战争爆发之前，已经发展成一个比较现代化的城市。

这些发展主要体现在租界区和河北新区的建设，水、电、煤气等基础设施铺设完备，道路也被拓宽，路灯、公共交通也逐步覆盖城区。近代公共服务、商业、金融、交通等建筑也得到明显完善。英租界的营口道——泰安道一带，就是当时英租界的公共服务中心，设有工部局、菜市场等各

种公共服务建筑，前者相当于各国租界的行政管理中心。现为解放路的"中街"是当时华北地区著名的金融街，各种国家银行、商业银行和外商银行在此办公。英租界沿海河逐渐发展，依次形成了中街金融街、小白楼商业区和五大道居住区；法租界的"梨栈大街"成为天津的商业娱乐中心，商场、旅馆等多层大型建筑林立，非常繁华。逐步完善、风貌多样的城市环境，使天津有"东方小巴黎"之称。"老龙头车站"和"天津北站"的建设，使得天津的水路运输与铁路联运网开始形成，提高了天津这座北方港口城市对内陆腹地的辐射作用（图1-3-3、图1-3-4）。

近代居住建筑也得到了长足的发展。除了相对完善的大量平民里弄住宅外，还出现了一些高级居住区，如英租界五大道、法租界中心花园地区等，形成天津富贵阶层特有的优美居住环境，也成了今日天津城市富于深厚的人文底蕴的重要组成部分（图1-3-5、图1-3-6）。

天津近代建筑风貌虽然偏向西洋建筑风格，但其也展示了不少中国近现代建筑先驱的设计才华，如沈理源、阎子亨等近代著名设计师，在建筑设计方面可以与外来建筑师分庭

---

① 杨柳青镇地方志编修委员会.杨柳青镇志［M］.天津：天津社会科学院出版社，2005.

图1-3-3 "梨栈大街"地区（今劝业场）（来源：网络）

图1-3-5 英租界新开地（今五大道）（来源：网络）

图1-3-4 老龙头车站（今天津东站）（来源：网络）

图1-3-6 法租界中心花园（来源：网络）

抗礼。天津近代建筑的类型、风格多样，形成天津最具独特色的近代城市面貌，在天津建筑文化遗产中占据了非常重要的地位。

四、同样多样且紧随世界潮流的当代建筑设计

天津解放初期的建筑发展历程与我国大多数城市类似，1949～1952年，天津城市建设工作的部署是围绕着迅速恢复经济生产而进行的。1953～1955年，我国开始发展经济的五年计划，建筑界提出建筑设计创作以"社会主义为内容的民族形式和现实主义的创作方向"，重视从中国传统建筑形式中吸取营养。天津和其他城市一样，设计兴建了许多所谓民族形式建筑，广泛采用大屋顶、云头、雀替、斗栱等传

统建筑符号。

1958～1959年的"大跃进"运动，更是使这种"民族形式"创作走上了高峰。1960～1979年，为国民经济调整期，由于政治问题和自然灾害等原因，公共建筑建设量大幅减少，主要完成之前跨转的工程项目，建筑标准也随之降低。

1980～1989年，十一届三中全会后，国民经济开始迈向正轨，建筑创作和设计迎来了大显身手的机遇和宽松的创作环境。天津公共建筑的发展处于探求和摸索时期，城市港口、铁路和室内交通都得到发展，新区和边缘地区的开发开始退进，老市区也开始复兴。建筑创作也开始繁荣。

1990～2000年，公共建筑设计走向成熟和多元化时期。总体上看较以往有了整体的提高，设计作品的功能、规

模和空间造型处理上不同程度地体现了个性化和时代感。这一时期的建筑总体上说比较注重形式的新颖和视觉冲击力，如小白楼的凯旋门大厦、天津第一中心医院、天津体育中心等。同时，国内外设计事务所合作开始发展，为天津建筑设计注入了新鲜血液。经济的发展，也使天津的住宅建设进入了新阶段，国际上流行的多种居住区规划理论，如"邻里单位"等也在天津得到实践。住宅区的规划更加以人为本，注重建筑品质和绿化等公共空间质量，住宅的形体也变得活泼。

2000年至今，天津的建筑发展进入了百花齐放的时期，并更加重视对城市历史风貌的保护和延续。随着沿海河的津湾广场、泰安道五大院、棉三创意街区、天钢柳林副中心等一大批仿欧建筑群的建设，强化了天津市"万国建筑博览会"的特色风貌，呼应了海河两岸的租界建筑风格。津塔等一批设计超高层建筑的设计，不仅体现了技术精美主义的倾向，在造型上也体现了对民族符号的隐喻。新建的公共、文化、住宅等建筑，在设计上的手法更为多样化，出现了一大批同时展现时代精神和传统文化魅力的佳作。

五、天津市建筑特征总结

天津是中国古代传统社会中晚期出现的城市，又兴于漕运、结合军镇、容纳八方，逐渐成为汇集各方居民的"五方杂处"之地，在礼法体制之外，经济文化和日常生活中商业气氛浓厚、民俗轰动兴盛。近代以来，更因西方经济文化入侵的影响，人文环境呈现出多元化发展，九国租界更是呈现出了"万国建筑博览会"的景象。建筑发展也有不同于一般传统城市的以下特征：

（一）地域文化特色影响下的传统建筑特征

作为传统城市，天津老城厢的大多数建筑，尤其像衙署、庙宇、教育等公共建筑和一些民居建筑，曾大体延续了明清时期北方传统工艺和风格，但是建筑形体和细节又相对灵活自由。

同时，天津发达的市井商业文化，使其建筑形式乐于接受各种影响和启迪。各地商贾杂居于津，带来不同地域的风土人情、建筑文化，也让天津的中国传统建筑明显带有汇集不同地域文化特征。在这两种因素的影响下，大量自晚清和民国以来遗留的传统建筑，特别是商业、会馆和民居建筑，往往较随意根据各种设计意愿和不同地域的风俗习惯，使得天津的传统建筑形式不拘一格。如广东会馆、山西会馆、石家大院和估衣街的许多商埠等，建筑都在一定程度上反映了建造者家乡的建筑格调。

（二）外来文化与传统文化融合的建筑特征

随着天津开埠以及各国租界出现，西方国家在当时流行的各种建筑风格都呈现在天津的建设活动中。外来建筑类型、空间组织、建筑技术、装饰艺术的传入，也影响了天津本土建筑传统的变革，一些传统砖木建筑也时常带有了异域装饰色彩，呈现中西合璧特色。

老城厢内外的许多建筑在中国传统格局的基础上，吸收了西洋建筑中注重功能分区的特点和装饰构造做法，形成天津特有的中西合璧风格。在汲取西洋形式的时候，结合中国传统的砖石雕刻，成为此时中国建筑自身沿革结合西方建筑而发生变异的一大特色。中国工匠在掌握外来建筑技术和形式的同时，也使西洋建筑具有了中国民族风情。如津门巨富"益德王"充满中西文化情调的宅邸（图1-3-7）。估衣街上谦祥益绸缎庄西式的雕花门楼，乃至杨柳青石家大院箭道的垂花门，都反映了两种文化、艺术的交集彼此都发生变异的特点。

图1-3-7　"益德王"中西合璧的建筑　（来源：《中西文化碰撞下的天津近代建筑发展研究》）

第四节 天津市建筑发展与河北省的比较

天津从古代至民初都隶属于河北，民国时期，天津一度成为河北省的政治中心——直隶总督府所在地，并在经济、文化上具有统领河北省的功能。1935年6月，河北省省会迁往保定，天津又改为直辖市。所以，天津传统建筑及近代建筑的发展历程，与河北省有着不可分割的联系。

河北的传统建筑主要集中在保定、正定、宣化等城市。因为天津与河北历史上的隶属关系，天津与河北的传统建筑有许多相似之处，在此不一一赘述。究其不同之处，还是在于天津运河、海河的漕运文化带来的多元建筑特征。会馆建筑、妈祖庙和清真寺等宗教建筑，以及近代之后的里弄式住宅，是天津作为一座依"河"傍"海"的沿海开放城市特有的建筑形态。

保定在近代为直隶总督所在处，与天津一样为"京畿门户"，具有拱卫京师的功能。在北洋时期近代建筑的发展方面，天津与河北当时的省城保定有一些相似之处。如保定直隶审判厅采用连续券拱廊立面，与天津市早期的一些租界建筑形式比较接近（图1-4-1、图1-4-2）；保定西大街的稻香村和贤良祠等现存建筑，也比较类似天津估衣街的建筑形态，中西合璧风格非常明显；保定的淮军公所为李鸿章纪念阵亡淮军将士所建，风格上在传统北方官式建筑基础上加入了徽派建筑的元素，马头墙、精致的雕花等特点与天津的广东会馆有一些相似之处。

但现今天津独特的城市和建筑形态产生，还是基于天津特有的自然地理位置以及随之带来的历史挑战和机遇。运河与海河带来了天津古代商业城市的繁荣，1860年天津开埠后，成为中国最早的对外通商口岸，北方重要的港口城市。各国租界为了航运和商业需要，分列海河两岸，与原三岔河口的老城形成天津的两个世界。经过"庚子之难"和20世纪初中国的各种天灾人祸后，老城衰微，此消彼长，租界繁荣兴盛，海河边上英法租界的中街也成了"中国的华尔街"。这都与天津北方港口城市地位和海河的航运功能有密切的关

图1-4-1 直隶审判厅（来源：网络）

图1-4-2 1928年的天津地方法院法庭（来源：《天津百年老街中山路》）

系。于是海河这条河流也成为现今天津城市的中心，蜿蜒曲折穿过天津市区，带来了优美的沿河景观，以及中国城市中少见的具有丰富历史层次的建筑风景。

河北作为北方大省，幅员辽阔，拥有保定、正定、宣化、遵化、承德等众多历史悠久的传统城市，也有唐山这种现代化工业城市和秦皇岛这种优美的海滨城市。但上述这些城市景观和建筑特点，是唯有天津这座经过近代化洗礼的沿海港口开放城市才具备的，天津"河""海"文化、兼容并蓄的城市特质更是宝贵的、无形的精神文化遗产。

上篇：天津传统建筑与近代建筑解析

第二章 天津市古建筑、民居地域分布及特点概述

　　天津是我国最早对外开放的沿海城市，其古代城市的发展与其地理环境、资源优势、环境特点是密不可分的。目前，根据实地调研、考察及天津市《第三次全国文物普查不可移动文物登记》等资料进行分析可知，市域内古建筑、民居建筑的分布主要体现了"沿水生长"、"靠山群居"两大特点。其中，"沿水生长"是贸易需求导向，"靠山群居"是安稳生活导向，所以具有航运功能的水系，及蓟州山区是天津市古建筑、民居建筑分布最广的区域。

第一节　天津市传统建筑的形成背景

天津地处华北平原，是天子经渡之地。明朝因国家政治中心的转移，天津成为京城的东部门户，军事地位提升，遂在此设卫筑城，并修筑长城及寨堡。加之，天津是唯一一个伴海河而生长的城市，境内水路交通发达，有海河、南运河、北运河、蓟运河等水路网，借此天津迅速发展成当时我国南粮北运的枢纽和盐业的重要集散地。至1860年，天津被辟为通商口岸，成为中国北方城市开发的前沿，活跃了西方文化、南方文化在天津的发展，加速了天津传统文化的中西、南北交融，并促成了运河沿线上"博采众长、独领风骚"的城市建筑特点。在天津华界，就有一批清朝保留下来的民居大院，虽是中国传统建筑格局，但外檐和室内装饰却受邻近租界西式建筑风格的影响，建筑细部吸收了西式建筑元素，构成了近代天津四合院"中西合璧"的特点。另有天津老城厢估衣街、宫南大街、宫北大街及杨柳青等地，同样或多或少地追崇西方建筑风格，这在全国其他城市中并不多见。

同时，天津北部是我国农耕文明与游牧文明碰撞交融时间最长、强度最大的交界地，特别是统一中国的两个历史时期，一是蒙古族建立的元朝，一是满族建立的清朝，这两个时期对天津的民俗文化、精神信仰、建筑风格影响深远，特别是对自然环境的尊重和有效利用。其中，满族文化的影响最为深远，历经260多年文化的积淀，天津成为目前中国封建社会皇家文化保存最丰富、积淀最深厚的区域之一，涵盖了城池、道路、运河、行宫、坐落、营房、寺庙、园寝等多种形式，是构建"津派建筑文化"的重要组成部分。

第二节　天津市古建筑、民居建筑的地域分布

一、天津市古建筑、民居建筑的地域分布

据文物部门统计，天津传统建筑主要分布于老城厢及周

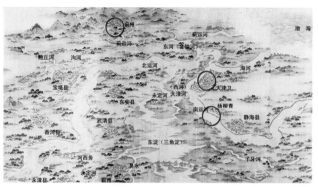

图2-2-1　老城厢、杨柳青、蓟州区区位图（来源：清康熙年间《京杭道里图》局部，改制：王伟）

边、杨柳青、蓟州三个地区（图2-2-1）。其中，老城厢是天津的政治、文化、经济中心，城市建设最早集中于三岔河口西南、运河两岸，借助交通的优势，天津人口迅速增长，商业氛围也日趋蓬勃，而后出现了明显的功能分区，府、县、镇、道等衙署建筑分布于防御性较强的古城内，商业建筑多分布于交通比较便利的运河沿岸或驿道，民居建筑分布于较为私密、安静的地段，庙宇作为整个聚落的公共开敞空间常点缀于居住区的核心或重要地段；杨柳青是因南运河发展起来的集镇，城市的建设和布局均沿运河两岸自由发展，是非物质文化遗产的重要发展和传承地；蓟州区依托优越的自然山水环境、蓟运河及皇家政策的倾向，成为重要的佛寺古刹、皇家行宫、园寝及隋唐建筑的重要集聚地。

天津先后建有极高历史价值的古建筑，如建于辽代统和二年（984年）的独乐寺，辽圣宗太平五年（1025年）的广济寺三大士殿，元朝泰定三年（1326年）的天后宫，明朝初年（1427年）的玉皇阁，清康熙年间的天尊阁，清光绪二十九年（1903年）的广东会馆及始建时间不详的无梁阁等建筑，均根据功能的不同，进行了选址考究，布局分析，是天津当地士、农、工、商各个层级营建智慧和精神信仰的最终体现。

二、其他区域传统建筑的分布特点

首先，天津中心城区的和平区、红桥区、南开区、河西

区、河东区、河北区范围内，传统建筑主要分布于和平区及南开区，即原老城厢及其周边。目前除去老城厢及周边，传统建筑包括全国重点文物保护单位义和团吕祖堂坛口遗址，天津市文物保护单位纳森旧宅（格格府）、原瑞蚨祥绸布店、天津市总工会第二工人疗养院旧址、觉悟社遗址、女星社旧址、中山公园、李叔同故居等建筑（图2-2-2~图2-2-5）。这些建筑现状大多保存完好，建筑风格与建筑形式多根据建筑的功能属性呈现丰富多样的特点，其中不乏延续传统格局特点的建筑特色，也有在传统中推陈出新的创意设计，多元素的融合、精妙的设计手法，都是天津传统建筑的魅力瑰宝。

其次，天津环城区包括北辰区、东丽区、西青区、津南区，其中西青区杨柳青镇是历史文化名镇，是重要的运河文化及民俗文化富集区，是天津传统民居建筑的核心代表。除此之外，环城区境内还有霍元甲故居、东丽泰山行宫、津南周公祠、津东书院旧址、大诸庄药王庙、辛庄慈云寺等传统建筑群（图2-2-6、图2-2-7）。现状部分建筑群年久失修，院内杂草丛生，已失去了昔日的光彩，但其是天津时代发展的重要印记，是不可取代的历史遗存。所以，未来各地政府应加强对这些传统建筑群的抢修和维护，加固建筑结构，使用传统材料和工艺修复重点部位，以再现昔日历史风貌和传统特色。

最后，天津远郊区除蓟州区外的武清、宝坻、宁河、静海、滨海新区等地，早期历史建筑遗存也十分丰富，但因时

图2-2-2　义和团吕祖堂坛口遗址（来源：刘铧文 摄）

图2-2-4　天津市总工会第二工人疗养院旧址（来源：刘铧文 摄）

图2-2-3　纳森旧宅（来源：刘铧文 摄）

图2-2-5　觉悟社遗址（来源：刘铧文 摄）

图2-2-6　霍元甲故居（来源：高金铭 摄）

图2-2-8　宁河天尊阁（来源：刘铧文 摄）

图2-2-7　东丽泰山行宫（来源：高金铭 摄）

图2-2-9　静海孙氏宗祠（来源：刘铧文 摄）

代变迁中天灾人祸的影响，大多被毁或仅存遗址，如今仅保留了少量历史建筑，如宁河天尊阁、于方舟故居、武清杨村清真寺、宝坻大觉寺、宝坻石经幢、大沽口炮台、北塘炮台遗址、静海孙氏宗祠、独流木桥等建筑（图2-2-8～图2-2-11）。其中，宁河县丰台镇天尊阁，始建于清康熙年间，清咸丰八年（1858年）重修，是一座供奉元始天尊的道观。道观原由山门、配殿和大阁组成，后多数建筑在地震中被毁，现仅存大阁。大阁建造在高大的台基之上，通高14.7米，是三层木结构建筑，楼阁结构精密合理，装饰简洁大方，天尊阁经历唐山大地震而不倒，足见其结构合理性。另有我国近代活动家、天津地方党组织创始人之一于方舟旧居，为三进

图2-2-10　宁河于方舟故居（来源：刘铧文 摄）

图2-2-11　宝坻大觉寺（来源：刘铧文 摄）

院穿堂式小院。

　　经过实地调研和分析，天津其他环城区及远郊区境内的传统建筑相对遗存较少，这些建筑虽然是天津地方文化传承和延续的重要载体，但为了系统地解析天津传统建筑的特点，本书将对上述地区的传统建筑不做深入解析。

第三节　天津市传统建筑特点概述

　　天津城市的移民特性，决定了居民主要以士兵、官员、商人、盐民、码头工人等外来人构成，由此衍生了天津城市的移民特征（包容性、融合性）、平民特征（随意性、实用性）和开放特征（时尚性、革命性），在多元文化灌溉下，天津成了中国重要非物质文化遗产的聚集区和中西文化碰撞及并存的"津派"城市。而建筑就是最能体现天津地域文化的重要内容之一，综合表现为兼容并蓄、洒脱个性、经济实用，既保持了传统的建筑文化，又与世界建筑潮流同步。

一、传统建筑地域特点

　　天津老城厢和杨柳青是受海河、运河影响发展起来的城市，城市的演变过程和文化特征具有明显的外来性，是天津区别于其他传统北方城市的独特之地，建筑方面则表现为不拘一格的多样性建筑形式。蓟州区是天津唯一的半山区，自然环境、民俗文化都具有鲜明的地域特色，其传统建筑主要受自然环境及儒释道家文化的影响，城市及建筑特征既呈现出"山—水—城"浑然一体的地方性营建思想，又受邻近北京、河北地缘建筑文化的影响，建筑特征多具有区域性和皇家性。

二、传统建筑布局特点

　　纵观天津的城市发展历史，可以总结出影响天津城市及传统建筑建设的核心因子是"河""海"文化，因海河、运河等发达的水网，天津老城便于天津的水脊三岔河处建城；元朝建设的天妃灵慈宫和三岔河口海河西岸的天后宫，均为东西朝向，面向海河。从城址的选择到传统建筑的布局均可以看出天津独特的"河""海"文化特征。同时，天津境内的历史建筑在空间布局上也带有明显的北方特征，即礼制思想影响下的营城制度，强调功能分区明确、格网的道路系统、对称的轴线布局等。

　　天津我行我素的移民特性，又决定了城市中的院落布局多不拘章法，可以随地势、随需要、随财力进行建设，形式多样、装饰精美、注重砖木石雕，五花八门。

　　建筑总体上以中国传统的结构形式为主，建筑风貌又兼具南方建筑特色。直至开埠和租界的设立，中国传统文化与西方现代文化之间相碰撞、交流、演变，再到发展，这种质的转变，使天津成为糅合了古今中外文化精华的城市。同时，也使天津城市迅速从一个军事重镇和水陆交通枢纽，变成了一个既顽强地坚持着地域文化特征又带有西方近代性质的城市。在建筑上表现为，西方建筑元素被广泛应用于各个商业、会馆、民居等建筑中，但均以局部点缀为主，只有部分传统建筑在布局上引入了西方的联排住宅理念。可见，天津传统建筑从南北文化交融中，又走入了亦中亦西的时代。

第三章　天津市老城厢传统建筑研究

　　从金元时期的军事寨堡，到明代卫城和清朝州、府、县的建设，老城厢是真正体现"天津卫"文化特点的地方。发达的水路贸易网，使天津聚集了大量的外来人口，而五方杂处的人口又使天津老城的文化日趋多元、商业日趋繁荣。直到20世纪初以前，老城厢一直是天津城市的繁华商业中心和经济中心，今天的天津城市就是在老城厢原有的布局上发展起来的（图3-0-1）。后历经八国联军的侵占、"壬子兵变"及1922年和1924年两次直奉战争的轮番洗劫，老城厢已走向衰落。

　　天津老城厢及周边是海河、北运河与南运河交汇的地方，这里既有传统街巷、胡同，又有北方少见的妈祖庙，也有各种风格的民居大院和恢弘的官式建筑。在历经沧桑之后保留至今，对天津城市的发展历程具有重要的历史价值和文化价值。现存天后宫、文庙、广东会馆、文昌阁、通庆里、徐家大院及清真大寺等传统建筑群中，礼制建筑文庙具有典型的北方传统建筑风格特点，天后宫、清真大寺等宗教建筑既有宗教类建筑特点，又有北方宫殿类建筑特色；而徐家大院、广东会馆、通庆里等则具有鲜明的多元文化建筑特色。

图3-0-1　1918～1926年的三岔河口城市格局（来源：《明信片中的老天津》）

第一节　老城厢地区自然、文化与社会环境

一、自然环境

"河"——自古天津就有"地当九河要津，路通七省舟车"之利。在此基础上，元朝又开凿了若干运河，发达的河运不仅沟通了华北平原各地（图3-1-1），也促进了黄河、淮河、长江等河流两岸城市的发展。

"海"——天津位于华北平原东北部、海河流域下游，环渤海湾中心。靠海的地理优势，促成了天津海运的迅速发展，带来了北方少有的妈祖文化，也带来了强势入侵的西方文化，兴起了炮台、教堂、洋楼等建筑的建设。

得天独厚的地理优势促成了天津不同于传统因农业、因政治而兴建的古老郡邑。所以，"无论是元代在漕运基础上修建的天后宫，还是明代为保障航海安全而建造的潮音寺，无论是清初为便于帝王出行而构建的柳墅行宫和皇船坞，还是清末为沟通南北贸易而修起的广东会馆，其实都是天津地缘优势和海河经济的派生物，无不具有鲜明的天津所独有的多元化的海河文化和历史特征。"①

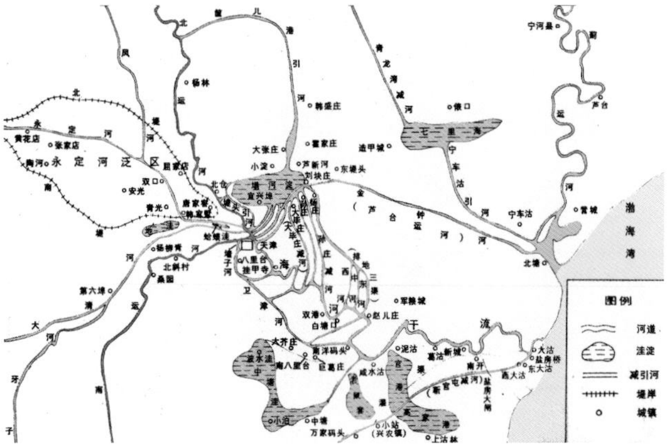

同时，天津属大陆性气候，主要气候特征是，四季分明，春季多风，干旱少雨；夏季炎热，雨水集中；秋季气爽，冷暖适中；冬季寒冷，干燥少雪。而三岔口处于海河水系的尾闾，常年降水量随季节变化较大，长期春旱、秋涝。这种自然环境和气候特点是形成天津独特的城市格局和建筑特色的内在动因。例如为了适应四季分明的气候变化，天津老城厢传统建筑形式多以形态封闭的砖木结构庭院式独户住宅为主，比较注重保暖，结构采用可灵活多变、保暖性较好的抬梁式结构（图3-1-2、图3-1-3）。

天津为"退海之地"，绝大部分是由古黄河三次北徙冲

图3-1-2　徐家大院二进院东厢房（来源：冯科锐 摄）

图3-1-3　徐家大院门楼抬梁结构（来源：冯科锐 摄）

图3-1-1　清末天津减（引）河图（来源：《大运河天津段遗产保护规划》）

---

① 章用秀. 天津的园林古迹［M］. 天津：天津古籍出版社，2004.

积而成的平原，地势由西北山区向东南渐低，呈簸箕形向渤海倾斜。中部与南部平均海拔2～5米，北部燕山南麓的低山丘陵区海拔在100～500米之间。中心三岔河口地势为西南高，所以为了保证城市供、排水等基本需求，天津建城之前便对地形进行了考究，选天津的水脊三岔河西南地势较高处设卫筑城。而北高南低的地形特点使得天津的衙署多集中在东西大街以北地势高处，居住区多集中在北门外和东门外，特别是东北角和东南角多富户、官僚、豪绅的深宅大院及庙宇，少数家境贫寒的百姓则于城南洼地建宅居住，由此便出现了"环视城外，商贾辐辏，而熟阅城中，屋瓦萧条，半为蒿莱。"①和"北门富，东门贵，南门贫，西门贱"的奇特景象。

二、社会环境

　　影响天津城市演变和传统建筑发展的社会因素包括：政治及军事地位的提升、海运漕运枢纽的推动、移民的大量迁入等三个主要因素。

　　首先，政治及军事地位的提升。金朝于三岔河口建立直沽寨，元朝为了加强直沽的守备，改其名为海津镇。明朝，由于天津邻近京城，作为京师的门户，具有重要的军事地位，始设卫筑城，遂明永乐二年（1404年）开始筑天津城，"天津镇总兵官""天津巡抚""海防巡抚"等与军事相关的部门相继驻扎城内，军事功能已居天津城的首要地位。同时，其他重要的政治职能部门也都设在城内，致使天津城内官署、衙门密集。

　　其次，海运、漕运枢纽的推动。天津水路交通便利，为南漕北运必由之路，海运、漕运使天津出现了最初的市场和交易，致使天津老城成为重要的贸易口岸和南北商品集散地（图3-1-4～图3-1-6）。所以，"河"网给天津带来的交通和地理优势，是天津城内商铺云集的根本因素，早期形成

的以天津鼓楼为中心的商业街及以三岔河口为中心的商业街就是如此。

　　最后，移民的大量迁入。明朝天津就有"杂以闽越吴楚

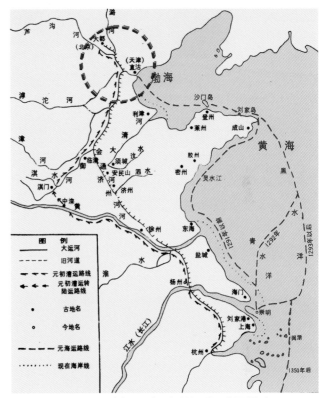

图3-1-4　元朝漕运图（来源：《天津土地开发历史图说》）

图3-1-5　北运河（来源：《明信片中的老天津》）

---

① 毕自严. 督饷疏草〔M〕. 卷四.

图3-1-6　大胡同（金华桥）（来源：《明信片中的老天津》）

梁之民，风俗不甚统一"之说，可见明朝始，天津老城便已有大量的移民迁入老城，形成了"百货交集，商贾辐辏"的局面，甚至到了清朝依然是"富商大贾，百货聚集，均在城外"[①]。

随海船来的人员，"不但有数以万计的流动人口，常住人口也会大量增加。新增常住人口，有从商的铺户、负贩户，有转漕所需的搬运人员、仓管人员和'镇遏军'官兵，有临清万户府人员及其所属的运粮军人。"[②]至清道光年间，天津老城人口已近20万，随着人口密度的逐渐增大，原老城内的居住已不能满足当下的需求，所以人口逐渐迁移至三岔河口上下沿河两岸，这与运河促成的城市发展是相适应的。

三、文化因素

依托繁密的水系而形成的海河文化、运河文化和码头文化，深深影响着天津人的居住环境、生活环境的方方面面。"在清末，天津作为通商口岸开埠，伴随着封建王朝的没落，帝国列强的入侵，国人左奔右突的救国之举，世界经济秩序的重构，一个新生而沉重的工业城市在历史的视线中慢慢展现。而各列强租界的划分带来的相关文化，作为异类，侵入古老天津的肌体，也成为津门文化中一个特殊的形象。"[③]地方文化加之外来文化构成的多元文化是形成天津独有的建筑风格及特征的基础，而老城厢及其周边的传统建筑则是天津影响最大、最直接的区域。

第二节　老城厢的规划与格局特点

自金朝在海河东岸设直沽寨，便利的航运促使天津老城厢海河、南运河与北运河交汇处迅速发展起来。元朝为适应军事及商业贸易的发展需求，将直沽寨改为海津镇，这时天津漕运和盐业的迅速发展，促成了城市沿运河、海河的快速发展，建设特征主要为官衙、仓廒、寺庙及简易码头。明朝（1404年）在直沽设卫筑城，居、教、祀、治、市、通、防、储、旌等九大功能类建筑陆续完备，棋盘式格局的干路网，古城中心建钟鼓楼，衙署建于东西干路北侧，南侧为居民区，商业类建筑多集中于三岔河口西南与南侧的宫南大街、宫北大街，北门外大街两侧，以及运河南岸估衣街、针市街。明、清时期，天津作为北京的门户、粮库、军事及交通要地，借助南漕北运的优势，既得渔盐之利，又促进了城市的迅速发展。

明清时期的天津老城是一座北方典型的平原城市，矩形平面，十字路网，鼓楼居中，四周环城（图3-2-1）。借助河、海的地缘优势，老城东门、北门（即邻近运河侧）发展迅速，而老城南侧地势较为低洼，民居较少，直至明朝后期，官府才允许军官携眷随军居留在当地，随后老城内开始有了民居的雏形，此时民居多以北方传统合院式为主。直至1860年，天津开埠，"西风渐进"的社会潮流开始盛行，很

①　贾长华等. 老城旧事〔M〕. 天津：天津古籍出版社，2004.
②　刘义树，赵继华. 天津文化通览·大直沽探古〔M〕. 天津：天津社会科学院出版社，2005.
③　读书时代. 中国名人故居游学馆·天津卷〔M〕. 北京：中国画报出版社，2005.

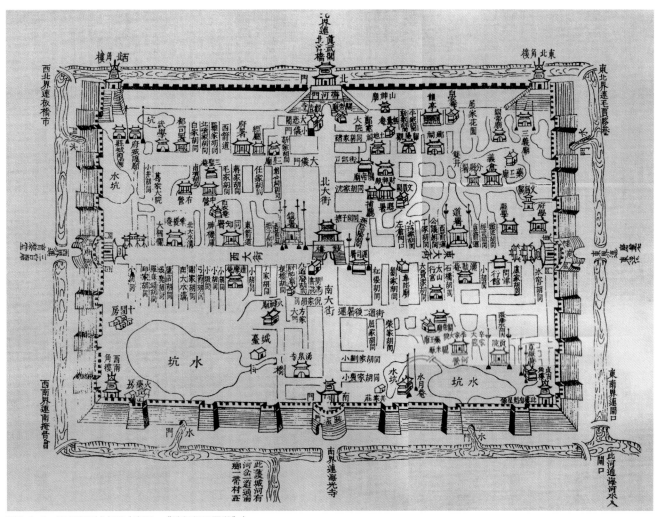

图3-2-1　清天津县城内图（来源：《津门保甲图说》）

多建筑在装饰上嫁接了一些西方建筑符号，呈现出中西合璧的建筑风格。

　　老城厢及周边地区，代表了天津六百年的历史，多元的地域文化都集中于此。今老城厢内整体格局依然保持明清时期的传统模式，是我国现存最完整、最典型的卫城格局。老城区内狭窄的街巷，门类齐全的商业街，天后宫、文庙、清真大寺和广东会馆等大型建筑群以及颇具特色的传统四合院民居，无一不在向世人默默地展示着天津城的历史、文化和变迁。1900年以前，天津的城市重心位于老城的东面和北面，即三岔河口两岸。富商大贾一半居住在城中，一半居住

在城北及城东，靠近南运河处。1900年后，相继受八国联军的侵占、"壬子兵变"及两次直奉战争的轮番洗劫，老城厢历此劫难便逐渐走向衰落。

第三节　建筑群体与单体

　　天津老城厢明清时期已发展成熟，城内主要为政治中心，建有大量公共建筑，城外为商业中心，出现了很多商业街。至清末，富商大贾在旧城东、北门里、鼓楼东西、估衣

街、锅店街、宫北大街、针市街等周边繁华地带兴建了很多精美雅致的深宅大院，如今大多已被拆改。

一、传统民居

天津建卫之前，借运河之便，民居多自发于南运河右岸、海河右岸，形成"竞鱼盐之利，万灶沿河而居"的繁荣景象。后随着贸易的逐渐繁盛，人口的迁入，老城厢又出现了大量的自住和出租的民居。至清雍正年间，天津由军事卫城升为行政区划的府城，居民大量涌入老城内，老城厢由此便成为天津人口最为密集的居住地（图3-3-1、图3-3-2）。

明清时期，老城厢除普通百姓，还云集了很多因盐业、粮业而发家的商人、官僚、文人等，如天津老"八大家"的形成，其中黄家、杨家、高家、张家依靠盐务，石家、

图3-3-1 鼓楼东北角传统民居（来源：《明信片中的老天津》）

图3-3-2 老城内街景（来源：《明信片中的老天津》）

刘家、穆家依靠粮业，韩家依靠海运业，他们发家后广置田产，营建房屋。后又形成以卞家、孙家为代表的"新八大家"代替了"老八大家"，他们在老城内兴建宅院，如徐家大院、卞家大院、王家大院、姚家大院等，这在一定程度上促进了老城厢民居建筑的繁荣和发展，而且目前保留下来的院落也大多是这些富商的宅邸。

由于天津临近北京，建筑形式在一定程度上受北京四合院院落形制的影响，但天津老城厢商业贸易和外来文化又使建筑形式比较灵活多变，包括有四合院、三合院、大四套、筒子院、独门独院及门脸儿房等多种形式，其中四合套的建筑形式是老城厢最能代表天津地域文化的建筑形式。为了适应天津老城厢自由的布局，道路不规矩的特点，四合套形制比较灵活，不仅有纵向发展的多进合院，也有横向发展的跨院（图3-3-3、图3-3-4）。合院多采用抬梁式木框架结构，正房一般有前廊，部分住宅将两侧暗间突出于正房，形成天津特色的"锁头式"布局形式；有些住宅呈中轴对称，辅以具有交通功能和疏散功能的箭道空间，如老城厢内的徐家大院为清末民初英商麦加利银行买办徐朴庵旧居，建于民国初期，为三进四合院，原大院由中部三进四合院、东西两箭道及东西两跨院构成，各道小院都独立开门通向箭道，使得人们出入方便，互不干扰，这种建筑布局具有鲜明的天津地方特色，现仅存中路、东箭道和东院，今辟为天津老城博物馆（图3-3-5）。

清咸丰十年（1860年）天津被迫开埠，西方外来商人迁居老城厢，遂老城内的住宅形式出现了变化，有些民居在原传统四合院的基础上，辅以西式风格的装饰；有些民居建筑布局采用西方建筑形式，装饰以中式为主，呈现中西合璧的建筑形式。如位于古文化街北端的通庆里，该建筑群现已有百年历史，建筑群是由六个独立的院落串联而成，中间有一条长60米的里巷将其分为南北两部分，建筑在里巷出入口处建有过街楼，这种建筑形式是在北方传统三合院住宅的基础上，结合西方联排住宅的特点，适应商住两用的时代需求，建成两层内院相向的砖木结构、坡屋顶建筑，通道及二层均建有开敞外廊，立面丰富，是动静分区明确的院落式里巷住

图3-3-3　老城厢四合院组合肌理图（西南角）（来源：老城厢博物馆，王伟 摄）

图3-3-4　老城厢四合院组合肌理图（东南角）（来源：老城厢博物馆，王伟 摄）

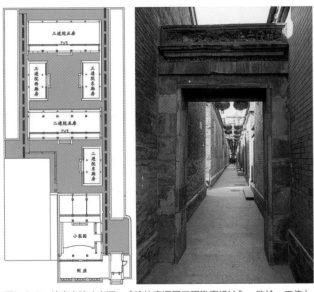

图3-3-5　徐家大院（来源：《徐朴庵旧居工程勘察设计》，改绘：王伟）

图3-3-6　通庆里立面图（来源：《天津历史风貌建筑·居住建筑卷一》）

图3-3-7　通庆里平面图（来源：《天津历史风貌建筑·居住建筑卷一》）

图3-3-8　通庆里（来源：网络）

图3-3-9　卞家大院小门（来源：网络）

图3-3-10　通庆里二层外廊形式（来源：王伟 摄）

宅（图3-3-6~图3-3-8）。

随着城市的不断发展与更新，老城厢居住建筑风格出现不断多样化且不断演进的趋势，大体可以概括为"南北交融，中西合璧"的建筑风格特点。其中，1860年以前的天津居住建筑，仍然以独门独户、自建自住为主，住宅形式以中国北方传统的合院住宅为主。因富商大贾多来自南方，导致很多民居大院也吸收了很多南方建筑的特点，呈现出南北交融的风格特点，建筑多注重砖雕、木雕，与北方注重油饰彩画的装饰风格有所不同。后随着天津的对外开埠，西方文化逐渐侵入地方文明，一方面仍保留中国传统民居的建筑形式，另一方面又竞相效仿西方，这样使得很多建筑功能、风格、装饰和布局既有中国传统建筑元素，又有西洋建筑符号，呈现出中西合璧的风格特点（图3-3-9、图3-3-10）。

二、公共建筑

天津城市受益于海河，由码头演变为城市，相比中国传统由村镇发展起来的城市，城市建设迅速得多。先是设卫筑城，一如中国传统的县城一般，老城的规划建设都是按照中国礼制营城思想而建设的，十字路网的街道格局，加之星罗棋布的祠堂、庙宇、衙署、教堂等，形成"三步一官署，五步一衙门"的景象（图3-3-11～图3-3-13）。后又依靠发达内河的航运及畅通的路陆交通，促使了天津老城厢及其周边的人口激增，从而促使一些大商号、会馆等公共建筑的催生。

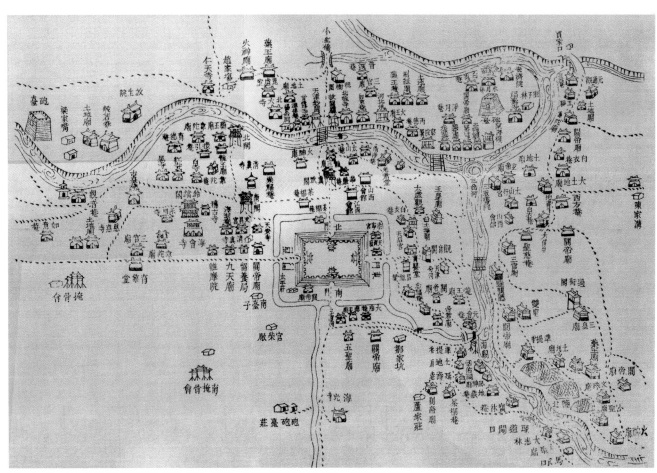

图3-3-11　1846年天津老城厢及其周边寺庙、衙署、会馆等建筑分布（来源：《津门保甲图说》）

图3-3-12　天津城隍庙（来源：《明信片中的老天津》）

图3-3-13　玉皇阁（来源：王伟 摄）

（一）商业建筑

天津最早的商业街均是沿河聚集，建筑整体走向与河道平行，各种类型的商业店面相继出现于古文化街、估衣街、锅店街、针市街、大胡同、北大关、缸店街、茶店口、肉市口、粮店街、驴市口、鱼市及娘娘宫前的宫南大街、宫北大街等街巷。这些胡同里巷不仅是城市的交通网络，更是天津商业发展演变的重要平台，如古文化街因妈祖庙而聚集，估衣街、锅店街、针市街等则以传统城市商业自发孕育而成（图3-3-14～图3-3-16）。

在现代综合性商业形式未出现之前，老城厢的北关以三岔河口的天然地理优势成为天津的早期商业中心（图3-3-17）。因"明、清时代在北门外大街的南河设常关，故天津人便习惯地把这条街称为北大关。来天津的漕（粮）船、商（货）船、海船等都要到常关停泊，验关纳税。因此，各船只索性就在常关河沿卸货再装货，所以三岔河口的商业便逐渐移到南运河边常关附近来了，进而发展成为商业中心。"[1]而以估衣街为代表聚集的商业建筑，对研究老城厢商业建筑文化具有重要的历史地位和文化价值。估衣街是早期天津店铺最多、行业最全的商业街代表，街上有著名的大商号，绸布棉纱呢绒业（包括谦祥益保记、瑞蚨祥、瑞蚨祥鸿记、庆祥号、瑞林祥等），药业，瓷器店，银行银号（五族银行、开元银号、义盛银号、信成银号等），洋广货商，皮货店等。这些商号建筑大多以中国合院式布局为基础，将本地的磨砖对缝、青石作碱技艺与西式楼房结构相结合，将当地的砖雕石雕装饰风格与西式柱式栏杆相融合，形成既有

图3-3-14　大胡同商业街（来源：《近代天津图志》）

图3-3-15　沿运河、海河商业街（来源：《近代天津图志》）

图3-3-16　东马路商业街（来源：《明信片中的老天津》）

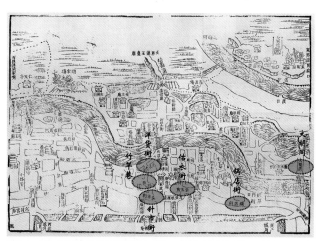

图3-3-17　清天津县城北门外图（来源：《津门保甲图说》；改绘：王伟）

---

① 王绣舜，张高峰. 天津老城忆旧［M］. 天津：天津人民出版社，1997.

中西合璧的建筑风格，又有古色古香传统风格的独特商业建筑。建筑大多为青砖木结构，外墙高耸，大漆门窗隔扇，装修阔绰讲究，金字牌匾辉煌夺目，且大多为两层楼房，经营面积比传统店铺大一倍，谦祥益保记和瑞蚨祥就是典型代表。

谦祥益保记即原谦祥益绸缎庄，建于民国初年，由山东人孟养轩开办。该建筑为砖木结构，叠梁式屋架，平面采用四合院式布局，坐北朝南，分东西两部分。东部为纵向串联的三进院，均为二层外廊式，设有会议及办公功能。西部主要为营业厅及后楼，临街面为高墙大门，门口有西式圆形风格的小立柱，上承尖券门洞，装饰以铁花栏杆、宝瓶栏杆、精美的砖雕木雕等。进入大门，便是带有罩棚的天井式前院，中院为环绕中庭的二层外廊式，顶上装饰大罩棚，回廊木柱、栏杆、檐板、楣子等花饰精致。建筑整体既有中国传统商业的建筑风格，又有西式建筑装饰元素，现为第七批全国重点文物保护单位（图3-3-18~图3-3-22）。

图3-3-18　谦祥益保记入口（来源：王伟 摄）

图3-3-19　谦祥益保记内罩棚（来源：王伟 摄）

图3-3-20　谦祥益保记楼梯细部（来源：王伟 摄）

图3-3-21　谦祥益保记中西风格入口（来源：王伟 摄）

图3-3-22　谦祥益保记中庭（来源：王伟 摄）

（二）会馆建筑

　　会馆兴起于唐朝，明清时期达到鼎盛。津门因"河""海"的便利，吸引了大量的外埠旅津商人。他们以乡谊或行业为纽带，各自按其籍贯自发集资兴建会馆，以供同乡、同业者集会、团拜、联络或办事等。清代，天津曾设立闽粤会馆（针市街），江西会馆（北马路），两个山西会馆（估衣街、河东粮店后街），怀庆会馆（釉店街），安徽会馆（窑洼），鲁北旅津同乡会（玉皇阁），济宁会馆（北门外西崇福庵），吴楚公馆（老铁桥东），延邵会馆（北阁），浙江纸帮会馆（锅店街），高阳会馆（三条石东口）等二十多处（图3-3-23～图3-3-25）。其中，坐落于古城鼓楼东南侧的广东会馆，是天津会馆中规模最宏大、装修最精美、保存最好且最具特色的一处，也是我国现存规模最大、保存最完好的中国古典式会馆建筑，在现有会馆的建筑技术和装饰上，均有重大的突破。

　　天津广东会馆建于清光绪二十九年（1904年），光绪三十三年建成（1908年），是广东商人聚集的场所，不仅提供住宿，还是商务洽谈、同乡聚会、节日娱乐的场所。广东会馆在历史上具有重要的地位及文化价值，现为天津市戏曲博物馆。1912年孙中山在这里发表过两次演说，1919年邓颖超领导觉悟社在这里进行募捐义演话剧，1925年中共领导的天津总工会也在这里成立，孙菊仙、杨小楼、梅兰芳、荀慧生、红线女等京剧大师相继在这里举行过演出。可见，广东会馆重要的历史意义和社会意义。

1. 建筑形式

　　广东会馆主要是为旅津广东人提供集会的场所，所以整个建筑群采用具有广东潮州二进四合院的建筑形式进行布局。其中会馆正房、山门、东西厢房屋顶均采用硬山，与北方四合院建筑屋顶形式的规制所不同，与岭南偏远地区自由的建筑类型相同。且会馆建筑在细部上也传承了岭南的建筑特点，如山门就运用了潮州外露材料为石材的建筑形式特点，如石柱、石匾额、石狮、柱饰、石梁、石枋、屋顶狮头及龙头排水口等（图3-3-26～图3-3-29），山门入口屏风的处理方式与广州部分传统建筑类型相似。

图3-3-24　江西会馆（来源：《近代天津图志》）

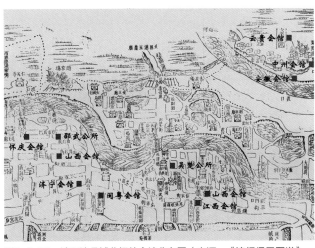

图3-3-23　清天津县城北门外会馆分布图（来源：《津门保甲图说》，改绘：王伟）

图3-3-25　山西会馆（来源：《近代天津图志》）

图3-3-26　广东会馆山门屋顶（来源：王伟 摄）

图3-3-27　广东会馆正房柱饰（来源：王伟 摄）

图3-3-28　正房屋顶狮头排水口（来源：王伟 摄）

图3-3-29　会馆山门石柱、石枋、石梁（来源：王伟 摄）

2. 建筑艺术

会馆的装修，采用重点装饰的处理方法，木雕多采用深浮雕雕凿，地砖采用广东烧制的红色黏土方砖，柱础均高出地面250毫米左右（北方一般柱础高出地面150毫米左右），不同区域雕刻图形也不同，所有建筑装饰均透露着豪华气派之气。整个会馆以木雕为主，辅以砖雕、石雕。其中，木雕多雕一些牡丹、狮子、麒麟、石榴、牡丹、蝙蝠、云头、八宝等，取其吉祥如意、生意兴隆、幸福和平的寓意（图3-3-30）；砖雕、砖雕、石雕多分布在山门、正房，其中正房山墙之上的"菱形牡丹"与对楼山墙六角形的大型"正龙戏火珠"砖雕艺术价值最高，寓意繁荣昌盛（图3-3-31）。广东会馆融合了我国北方和南方两种建筑装饰艺术，堪称我国会馆建筑的重要实例。

3. 建筑技术

广东会馆的建筑技术特色突出，其融汇了中国南北、世界东西的技术，形成了具有天津本地特色的建筑技术。

建筑声学：提到广东会馆，首先让人想到的就是古朴典雅、富丽堂皇的戏楼（图3-3-32）。与传统戏楼相比，天津会馆的大戏楼做了重要的技术突破，在中国剧场发展史上也具有重要的借鉴意义。一方面，为了不阻碍观众的视线，去掉了戏台前的两根柱子；另一方面，则是在舞台的上方安装了具有潮州风格特点的直径6米的鸡笼式木制藻井（图3-3-33）。藻井的内凹面是由数千块水浪花形的拱木堆砌，形成2米余高螺旋而上的鸡笼式图案，造型独特，也具有拢声和扩声的功能，扩大且美化了台上演出的声音效果，使观众从任何位置都能听到清晰悦耳的声音。这两大革新在剧场发展史上具有里程碑的意义，使会馆戏楼的视听效果达到了新高度。

建筑结构：广东会馆的戏楼是我国现存已知木构戏楼中空间跨度最大的建筑，其主体结构是由一根横向跨度达17.98米和两根纵向长18.8米的主梁组成，已突破了简支木结构最大经济跨度14米的理论（图3-3-34）。其构建的戏楼空间高度较高，横向主梁下皮至地面高度达8.712米，而柱网密集区则以柱、梁、枋形成的结构体系来承担大跨度带来的荷载和自身荷载，从而使整个戏楼具有良好的稳定性。

广东会馆中还存在北方少见的月梁和曲枋，月梁即将梁做成同心圆的弧形（北方多采用平直梁），月梁之间的间距与房间开间相同，并采用桁架式预制弯曲木条与其相接，这种做法不仅美观大方，还与拱形结构有异曲同工之效，能够用最少的材料使结构稳定且不变形（图3-3-35）。广东会馆的曲枋与北方的直枋有所不同，不仅增加了建筑的刚度，还增强了建筑的稳定性和抗震强度，且曲枋的三面都雕饰复杂精细的图案和彩绘，千姿百态，让人流连忘返。

图3-3-30 广东会馆戏台定木雕（来源：王伟 摄）

图3-3-31 广东会馆正房山墙砖雕（来源：王伟 摄）

图3-3-32 广东会馆戏楼（来源：王伟 摄）

图3-3-34 广东会馆戏楼屋顶（来源：王伟 摄）

图3-3-33 广东会馆鸡笼式木制藻井（来源：王伟 摄）

图3-3-35 广东会馆月梁（来源：王伟 摄）

（三）祠庙建筑

老城厢及其周边集中了各种祠堂、庙宇等场所，如现存的天后宫（我国三大天妃妈祖庙之一）、玉皇阁（现天津市区仅存的木结构楼阁）、大悲院（现天津市区最大的佛教建筑）、文庙、吕祖堂、老姆庙等，以及已经消失的城隍庙、大王庙、真武庙、河神庙、龙王庙、三官庙、土地庙、药王庙、望海寺、宴公庙、香林苑等。这些祠庙中有祭祀河神的、有祭祀海神的，种类繁多，各不相同。而繁盛时期的老城厢同样出现了很多祠堂，如李公祠（祀明李继贞，马头东街南），李公祠（祀明李长庚，盐署道院东），王公祠（祀明王弘祖，北门外管驿楼榜），赵公祠（祀清赵良栋、赵宏燮、赵之壁祖孙三人，三岔河口南岸），怡贤亲王祠（金家窑），杨公祠（祀杨锡绂，北门外河北岸），曾公祠（祀清曾国藩，河北大王庙旁），李公祠（祀清李鸿章，窑洼），张公祠（祀清张树声，三条石），周公祠（祀清周盛传、周盛波兄弟，三条石），聂公祠（祀清聂士成，三条石）等。这些庙宇、祠堂都充分体现了老城厢及其周边一带五方杂处、文化多元的特点（图3-3-36～图3-3-40）。

天津老城厢及周边的庙宇均以中国传统官式做法进行建设的，祠堂也多遵循部分官式建筑的做法，这是因为老城厢及周边大多数为祠堂建筑，其间祭祀的人物具有一定的社会地位或王公品级。祠庙建筑群一般占地面积较广，建筑体量相对高大，空间合乎中国礼制文化的等级秩序，一般呈中轴对称布局，层层递进。这些祠庙建筑作为地方政权的基本建置，分布于天津老城厢古城及其周边，且各个建筑之间又存在等级差异，建筑规格各不相同。如始建于元泰定三年（1326年）的天后宫，位于三岔河口以南，海河西岸，是我国三大天妃妈祖庙之一。天后宫的出现源自于海运、漕运的发展，来津船只为保佑安全航行，有烧香还愿和许愿的需求，由此天后宫一带便成为当时人口的重要聚集地，繁盛一时。天后宫建筑群坐西朝东，面向海河，宫内外建筑有过街戏楼、幡杆、山门、牌楼、前殿、大殿、藏经阁、启圣祠以及分列南北的钟鼓楼、配殿和张仙阁等，均为砖木结构，正殿梁架有明代中晚期风格，是典型的中国传统庙宇式建筑

图3-3-36　河神庙（来源：《天津历史名园》）

图3-3-37　三官庙（来源：《近代天津图志》）

图3-3-38　大王庙（来源：《明信片中的老天津》）

图3-3-39　李公祠（祀李鸿章，建于1905年）（来源：《近代天津图志》）

（图3-3-41～图3-3-43）。

再如始建于明正统元年（1436年）的天津文庙，位于老城东门里大街，由并列的府庙、县庙和明伦堂组成，现为天津市区规模最大的四合宫殿式古建筑群。文庙的建设同样也是按照全国祭祀孔子的官式形制营建的，由南至北依次为万仞宫墙（照壁）、礼门、义路牌坊、泮池、棂星门、大成门、大成殿、崇圣祠及东西配殿，建筑对称布置，其中大成殿为文庙的中心，青砖砌面，黄琉璃铺顶，并饰以彩绘。

图3-3-40　大悲院全景（来源：《第三次全国文物普查不可移动文物登记表》，王津 摄）

图3-3-41　天后宫正殿（来源：王伟 摄）

图3-3-42　天后宫前殿（来源：王伟 摄）

天津文庙的建筑形制虽沿袭官式文庙的做法，但同时也具有典型的地方特色，如文庙门外气势雄伟、玲珑秀美的二道过街牌坊，此牌坊是从汉朝"衡门"的形式演变而来的建筑形式，为二柱三楼式，木结构，横额饰以镏金雕龙华板，斗拱支撑三座"五脊六兽"的四阿瓦顶，牌楼正中镶以华世奎墨宝"德配天地""道冠古今"，造型独特、全国罕见（图3-3-44、图3-3-45）。

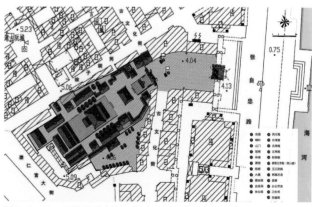

图3-3-43　天津天后宫平面图（来源：《天津天后宫修缮工程勘察设计》，天津大学建筑设计研究院）

图3-3-44　文庙门外二道过街牌坊（来源：王伟 摄）

图3-3-46　金家窑清真寺之望月楼（来源：《天津百年老街一中山路》）

图3-3-47　金家窑清真寺原正门入口（来源：《天津历史风貌建筑·公共建筑卷一》）

由"皖省安庆回教运输皇粮船帮"集资兴建的金家窑清真寺，是天津市区修建年代最早的清真寺；清顺治元年（1644年），于老城厢西北角建设了清真大寺等。这些宗教建筑一部分以西方宗教建筑为雏形，并在建筑立面、檐口等装饰上具有中国特色的砖雕、木雕、窗框、门框等传统建筑元素。另一部分则以中国宫式为主，又巧妙融合了自身宗教的建筑风格，既典雅庄重，古色古香，又清新别致，多姿多彩，如清真大寺和金家窑清真寺，两座清真寺均以中国宫殿式建筑进行建设，并遵循伊斯兰教建筑的功能布局及装饰要求，装饰中不使用偶像和动物纹饰。整个建筑群保持有中国古代木结构建筑风格，并保有浓厚的宗教色彩（图3-3-46、图3-3-47）。

图3-3-45　文庙礼门（来源：王伟 摄）

（四）宗教建筑

　　明清时期，天津军事据点、漕运枢纽的快速发展不仅聚集了很多外来汉族民众，也吸引了很多勤劳质朴的回族人民、基督教信徒等。所以，老城厢内各民族根据宗教信仰兴建了清真寺、教堂等宗教建筑。1869年于三岔河口建成天津第一座教堂——望海楼教堂；1910年华北第一座华人自立的基督教会建在仓门口教堂；1914年为青年人开展文化娱乐的青年基督教会——东马路青年会；明万历二年（1574年），

（五）衙署建筑

　　"天津筑城设卫以后，虽然只是一个军事重镇，但由于是漕运的枢纽和长芦盐集散中心，所以在卫城内除了建三卫衙门外，还陆续建筑了户部分司、天津兵备道署、盐运都司署、督饷部院、屯田部院、天津通判、天津清军同知、城守营游击、海运漕运总兵等众多衙门。"[1]因年代久远，很多衙署建筑已无从稽考，后随着政体的不断变化，相应又设置了天津府署、县署、道署、河道总督署、长芦盐运使司公署、直隶总督衙门（图3-3-48）等，衙门林立的景象是天

① 天津市地方志编修委员会. 天津通志·城乡建设志（上）〔M〕. 天津：天津社会科学院出版社，1996.

图3-3-48　原直隶总督衙门（来源：《天津百年老街—中山路》）

图3-3-49　清天津老城内衙署（来源：天津市博物馆；改绘：王伟）

图3-3-50　原问津书院牌匾（来源：天津市博物馆，王伟 摄）

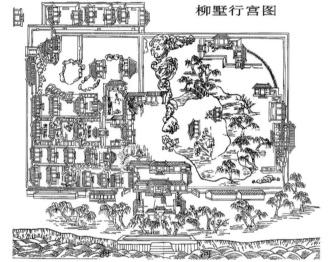

图3-3-51　柳墅行宫图（来源：《长芦盐法志》）

津清代老城厢的主要特征（图3-3-49）。这些衙署建筑群大多沿袭旧制，建筑平面格局比较相近，局部会因衙署的职能需求另行建设，建筑规模则根据等级设置，建筑空间强调中轴对称，并具有序列感和纵深感，气势要恢宏，装饰要精美。现衙署建筑虽已经不存在，但对研究天津老城的历史发展和变迁具有重要的历史价值。

（六）其他建筑

　　天津老城厢传统公共建筑中，除了上述商业、会馆、祠庙、宗教、衙署外，还有书院、园林、仓廒、牌坊、鼓楼、阁楼、军事设施等建筑类型，虽然这些建筑大多已不存在，但这些建筑对当时天津老城厢及其周边的发展建设具有重要

的推动作用，是当时重要的历史见证和时代产物。如天津老城厢内声名显赫的问津书院，于清乾隆十六年（1751年）始建，前有照壁，后有两门，中间讲堂三间，周围环以学舍。后几经整改，现院内古迹所剩无几，但在天津的教育史上具有重要的意义（图3-3-50）。

　　再如天津园林的建设，至16世纪初，天津仅直沽皇庄和浣俗亭两座园林，后于乾隆三十年（1765年）修建了明清时期天津规模最大、最豪华的一座皇家园林——柳墅行宫（今已废），行宫主要分殿堂区和园林区两个部分，其中殿堂区有房约500间，层次分明，富丽堂皇，园林区主要以自然风光为主，小桥流水，绿树成荫。这样集宫殿与园林于一体的大型皇家建筑群曾深得乾隆皇帝喜爱，先后驻跸九次，也是北方园林

的重要代表（图3-3-51）。而后随着天津地位的不断提升，因盐务、运粮起家的富户，在天津老城厢不仅修豪宅，还建花园，所以这时期私家园林的建设比较兴盛，如原老城西北处名气最大、建筑规模最豪华的水西庄，于清雍正元年（1723年）始建，是一处集南方和北方特色于一体的私家园林。水西庄巧于因借，以南运河为水源，构筑自然环境与人工环境相融合的新一代园林，是当时不可超越的园林典范。

第四节　建筑元素与装饰

建筑装饰是中国传统建筑非常重要的组成部分，大到建筑的屋顶、墙体、梁架，小到建筑的瓦当、滴水、雀替等构件，无不体现着劳动人民的智慧结晶。天津老城厢移民性质，使天津文化具有一定的包容性，所以外来文化在天津都不会产生排斥性和异己性。建筑元素与装饰文化之间也相互吸收、相互交融，从而形成具有多样性、创新性的天津本地装饰文化特色。

一、雕刻艺术

天津老城厢及周边的传统建筑最具地方特色的装饰便是砖雕、木雕、石雕，这主要是因为天津的富商比较多，但他们没有官级，而民居建筑的色彩、花饰等又有严格控制要求，为了既满足等级制度的要求，又能突显自己的身份地位，所以建筑装饰比较考究，多注重外檐砖雕和内檐木雕，形成做工考究、寓意吉祥、极尽奢华的装饰风格，这与北方大量采用油漆彩画的建筑风格不同。同时，传统建筑的装饰部位既遵循旧规，又有一定突破，题材广泛，装饰多样。有些商业建筑为了体现建筑的商业文化氛围，硬山建筑甚至仿照了大式建筑的装饰特征。这些创造造就了天津鲜明的"天津雕刻"艺术（图3-4-1～图3-4-6）。如徐家大院的门楼、影壁、墀头、墙檐等建筑部位，多以刻砖作为点缀和装饰之物，从构思到表现形式，都综合运用了比喻、谐音、借代、通感、联系等艺术手法，把不同时空的具有某种象征寓意的符号或物像有机地组合在方寸之间，运用巧妙构思将民族传统营造观念、价值观念、道德伦理、审美情趣以及风俗

图3-4-1　徐家大院墀头砖雕图（来源：王伟 摄）

图3-4-2　徐家大院影壁砖雕（来源：王伟 摄）

图3-4-3　徐家大院博缝头（来源：王伟 摄）

图3-4-4　徐家大院盲窗（来源：王伟 摄）

图3-4-5 徐家大院入口抱鼓石（来源：王伟 摄）

图3-4-6　广东会馆山门屋脊砖雕（来源：王伟 摄）

图3-4-7　通庆里马头墙（来源：王伟 摄）

观念淋漓尽致地折射和展现在一幅幅作品中，如"松鼠葡萄""白猿献寿""五福捧寿""四季平安""鹿鹤同春"等，堪称砖雕工艺中的杰作。

二、地域元素

天津很多外来人口对原地域文化比较尊崇，为了在天津能有家的归属感，财富殷实的富商便在建筑中或多或少地将他们家乡的建筑文化元素带入天津，所以在天津老城厢及其周边传统建筑中常出现各式各样的、具有鲜明各地域文化特色的元素和符号融合于建筑中。如徽派建筑的代表马头墙，这在南方是比较常见的建筑形式，而天津的传统建筑中也随处可见，有三叠、五叠、七叠式等样式，形式多样，错落有致。如通庆里的两侧山墙为五叠式做法（图3-4-7），广东会馆的山门两侧硬山墙是七叠式的做法（图3-4-8），谦祥益山墙为九叠式做法（图3-4-9），可见徽派文化在天津老城厢的融和。不仅如此，天津的传统建筑中还有一些岭南地区的建筑形式特点，如天津广东会馆的屏风处理方式、内外

图3-4-8　广东会馆马头墙（来源：王伟 摄）

图3-4-10　谦祥益保记入口简化西式柱式（来源：王伟 摄）

图3-4-9　谦祥益保记马头墙（来源：王伟 摄）

图3-4-11　通庆里悬挑阳台（来源：王伟 摄）

廊的月梁做法及雕刻方式、戏台装饰及鸡笼藻井的做法等，都是岭南文化的集中体现。

三、西方元素

　　受殖民文化的影响，天津自开埠后，加之1900年八国联军的入侵，各国租界在天津逐渐形成。受租界西方文化的影响，天津老城厢很多传统建筑都外檐或室内装饰设计上吸收了西式建筑的细部做法，形成了天津"中西合璧"的建筑装饰特点。如估衣街上各个商业建筑的兴建，从入口到建筑细部都有西方建筑元素出现（图3-4-10）。再如1913年兴建的通庆里，从建筑设计、建筑形式、建筑细部等都借鉴了西方的建筑风格，主要体现在联排式住宅的布局特点、悬挑阳台的建筑形式、西式金属护栏、保温隔热和遮风避雨的玻璃罩棚，各建筑露台的护栏等西方元素与传统建筑相结合，形成了天津老城厢别具特色的建筑风格（图3-4-11~图3-4-13）。

图3-4-12　通庆里柱式护栏（来源：王伟 摄）

图3-4-13　通庆里牛腿支撑柱（来源：王伟 摄）

第五节　老城厢地区传统建筑风格总结

天津老城厢地区的传统建筑是数百年天津历史的见证，是"河""海"文化引导下的城市代表。因为天津自建城之始，便聚集了军人、码头工人、商人、官员等全国各地的外来移民，由此决定了天津传统建筑的移民特征。

"作为北方重要的通商城市，天津受外来文化的冲击较为严重，经济结构从自然经济向商品经济转轨非常快，这种骤变导致建筑的各个方面迅速发生变化：一方面是传统住宅努力改革以适应新需求，另一方面是外来的生活方式和建筑形式渐被人们效仿和接受。居住模式随着社会变革发生了巨大的变化，并使得居住建筑在建筑形式、功能构成、营造方式等诸多方面出现相应变化。"[1] 如此，便产生了属于"津味"的天津传统建筑风格特点，即五方杂处、不拘一格的多元化建筑风格。正如卞家大院、徐家大院、通庆里、广东会馆、估衣街上的商铺等，这些都是天津传统建筑的典型代表。建筑风格上体现了南北交融、中西合璧的文化特点；建筑空间上则保持以天津当地的箭道空间的交通组织方式来联系各个院落空间；建筑细部上以垂花门、影壁、砖雕、木雕、石雕等为代表的装饰艺术，这些都是老城厢地区传统建筑的显著风格特点。

一、民居建筑风格特点

天津未对外开埠之前，老城厢的传统民居以中国传统合院式住宅为主，但建筑形式比较自由，建筑多根据商贾的需求，随地形、财力、需要而建设，有些民居没有两侧或一侧的厢房，代之以廊子或箭道，有些宅主将自己家乡的建筑文化、建筑元素带入宅院中。所以，这时期的老城厢传统民居建筑以南北交融的建筑风格为主。同时，受中国建筑等级制度的限制，官级的影响，屋顶形式，建筑形制等都不可逾越。为了突显盐商、粮商的尊贵，他们不断修建房舍，跨院一道接一道，不可彩绘油饰，便采用大量的砖雕、木雕、石雕等进行装饰。

自对外开埠之后，受西方文化的影响，当地居民的思想逐渐开放起来，很多有产阶级开始纷纷效仿和追求西方的生活方式和建筑装修特色，但根深蒂固的传统生活方式和建筑

① 吴延龙. 天津历史风貌建筑·居住建筑卷一［M］. 天津：天津大学出版社，2010.

形式影响着他们，所以这时期的传统民居建筑呈现中西合璧的建筑风格特点。正如院落式里弄住宅的产生，作为天津早期里弄住宅的主要类型，是天津传统民居建筑的重要代表，自传入天津，便在北方开始传播辐射，在北方地区具有一定的影响。这类建筑形式吸收了当时西方联排式住宅密集布局的特点，又与当时的社会经济需要相适应，是传统合院式住宅为适应住宅商品化和高密度要求而进行的变通，部分建筑装饰也呈现了西方化，如建筑中的正房、厢房、过街楼的墙面、檐墙、护栏、入口正墙等都融合了西洋装饰风格，或石材贴面或拱形门窗，形式多样，不拘一格。

二、公共建筑风格特点

天津老城厢发源于天津水脊三岔河口处，受"河""海"文化的影响，外来人口开始在老城厢聚居，从事着海运漕粮与水有关的活动，为保平安，天津的第一座公共建筑——天后宫便应运而生。之后天津设卫筑城，其他衙署、祠庙、书院、会馆等公共建筑随着老城厢的发展而逐渐兴建完善。

天津紧邻京城，建筑风格受北京传统建筑影响较大，特别是公共建筑的风格受官式建筑影响最为突出，但也有少数公共建筑因地缘文化的影响而有差异。由此，天津老城厢及其周边的传统公共建筑风格大体可以分为两类，一是传统官式公共建筑风格，即建筑形制按封建统治的礼制来加以规划，一般布局呈中轴线左右对称、层层进深的布局，秩序井然、气氛庄重，一般建筑体量大，占地面积广，如天后宫、玉皇阁、大悲院、文庙、吕祖堂、李纯祠堂等建筑。一是官式+多元文化的建筑风格，即建筑风格、建筑装饰等呈现与其他文化融合的建筑风格特点，既有南北、中西建筑风格特点，也有宗教建筑的特殊性。如以广东会馆为代表的各会馆类建筑及以清真大寺为代表的宗教类建筑。这些传统公共建筑不仅将各个地域文化、宗教文化与天津本土文化有效融合，也丰富了天津老城厢的城市面貌和城市活力。

第四章　天津市杨柳青传统建筑研究

　　天津杨柳青现为西青区的政治、经济、文化、旅游中心，是天津市境内最大的乡镇。杨柳青历史起源于北宋时期，早期因此地河流纵横，地近海滨，遂名"流口"。后为抵御西夏、辽等军队，沿大清河筑堡、布防、植柳，因杨柳密布，改名"柳口"。金代因人口不断聚居，商业不断兴盛，遂政府于此建镇，名"柳口镇"。自此杨柳青建置开始，这时城市发展主要表现为军事据点建设的特征。至元定都北京后，天津作为海运漕粮的中转站，成为重要的交通枢纽，而杨柳青受其影响，借助运河的交通优势，发展迅速。至明清时期，运河漕运成为国家转输物资的主要方式，天津于此时设卫筑仓，成为大运河沿线重要的城市，而杨柳青也发展成为北方闻名遐迩的大集镇，无论是人口、经济、文化、商业、水利等都得到了迅速发展。

　　杨柳青借助京杭大运河的贯通和国家漕运的需要，在明清时期就成为沿运重要的商业市镇，经济发展迅速，致使古镇出现了店铺林立的商业街、装饰精美的深宅大院、形形色色的祠堂庙宇等。同时，本地居民利用运河优势，大力发展雕版、绘画、铸造、饮食、杂货等手工业，特别是本地的一项支柱产业——年画制作业，发展蓬勃。所以，运河不仅给杨柳青带来了很多外来商业，还将本地的产品通过运河销售到外地，致使当地呈现文化多元、古街繁荣、建筑恢宏的城市面貌。

第一节　杨柳青地区自然、文化与社会环境

一、自然环境

杨柳青镇入京之要冲，北距京津，南接沧德，境内又有南运河、子牙河、大清河三河交汇，津城西厢，环境优美，地理位置优越，被誉为"北国小江南，沽上小扬州"，亦有诗《过杨柳青》云："傍水成村柳色妍，估檣密织大堤边。河流入海不忍去，七十二沽相转旋"[①]。可见杨柳青风光旖

旎的自然环境和地理环境，从古至今一直吸引了很多富商大贾、文人墨客在此驻足、经商、居住，这为小镇的发展奠定了一定的基础（图4-1-1、图4-1-2）。

杨柳青镇与天津老城厢邻近，同属暖温带半湿润大陆性季风气候区，干湿季节分明，寒暑交替明显，四季比较分明，适宜居住。所以，小镇内的建筑形式也主要以形态封闭的砖木窄合院为主，建筑墙体和屋顶同样比较注重保暖，采用保暖性较好的抬梁式结构，部分建筑还设有地炉采暖设计、屋顶建有造型各异的通风口，以适应冬冷夏热的气候特点（图4-1-3、图4-1-4）。

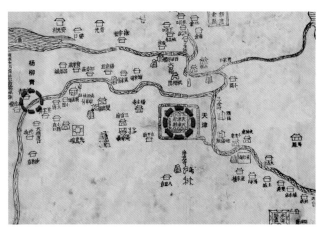

图4-1-1　杨柳青与天津的区位关系图（来源：清乾隆四年（1739年）《天津县志》，改绘：王伟）

图4-1-3　安家大院正房抬梁结构（来源：王伟 摄）

图4-1-2　旧时杨柳青运河边（来源：《海河带风物》）

图4-1-4　安家大院二进院东跨院（来源：王伟 摄）

---

① 陈锦．《补勤诗存》卷8《沧海重经集》．清光绪三年（1877年）橘荫杆增修本．

杨柳青镇地处华北平原东北部，地形地貌比较低平，元代开始屯田建镇，吸引了很多人口的聚集。建筑布局比较自由，不受地形限制，主要沿京杭大运河的南运河而居。建筑形制不完全依照北方四合院的形式进行建设，有前院式、前后院、单体的砖瓦房等，形式多样，布局自由。

二、社会环境

杨柳青借助宋、金、元时期的军事据点优势，人口的聚居，不断进行民居及军事相关机构的建设，而后又借助运河的地理优势、漕运相关政策的刺激、首都的迁移等一系列条件，使杨柳青镇成为一个受政府重视的运河古镇，不仅助其兴修水利、设置管河衙署，还颁布很多利好政策，使得杨柳青在明清时期就已成为远近闻名的商旅、货物流通的京杭大运河沿线的重要商业市镇。

一方面，在明朝建都北京后，大量的南方物资需要运往北方，所以漕运就变得尤为重要。这时期，明政府为了保障航运与路上交通的畅达，在杨柳青设置驿站，并派河防、水利等专员进行负责管理，至此之后杨柳青成为天津重要的水工重地。甚至到了清朝，为了在制度上能更好地、均衡地、就近地管理漕运，乾隆三年（1738年）清政府将正六品原驻于王庆坨的管河通判移驻于杨柳青，充分显示了清廷对杨柳青镇的重视。此外，杨柳青还是长芦盐、山东盐贩售的中转站，国家在此设关卡进行稽查。所以，政治上的重视、漕运的便利，使杨柳青镇沿河两岸设置了多处渡口、驿站、急递铺，以方便商旅、官员、民众的往来。

另一方面，依靠便利的水路交通及京畿腹地优势，杨柳青吸引了全国各地的商人、商队到此驻扎经营。至嘉庆时期，杨柳青全镇人口已达2.5万余人，五方杂处的人口构成，不仅使杨柳青的文化出现多元化，也使建筑形式、建筑细部等也呈现兼容并蓄的特点。其中，既有外地商人汇聚而兴建的商业街和会馆建筑，也有本地土著商帮远赴新疆"赶大营"的壮举，不仅把杨柳青的文化带到沿线各地，也使外地文化得以传播和接受，这些在小镇民居建筑和公共建筑中都有体现。

三、文化因素

运河文化——杨柳青早期城市的发展与天津老城相似，与便捷的河运水网是分不开的。早期南来北往的商船、民船、盐船遍布于杨柳青运河两岸，不仅促进了小镇商业的繁荣，还使域外文化与本地文化得以相互传播，也孕育了杨柳青镇的传统文化和民间艺术，成为文化杂糅、汇集的地方，所以"河"文化是联系杨柳青镇与沿线城市的交流和互动的纽带，是杨柳青镇所有建筑、人文、环境等发展和演变的动力源。

民俗文化——杨柳青镇距今已有一千多年历史，古代文化积累极为丰富，是北方重要的文化交流集散地。其中，年画、剪纸、风筝、砖雕、石刻等手工技艺文化最能代表当地的民俗文化，展示了杨柳青独特的人文魅力。而这些民俗文化中的年画文化更是在内容、表现形式及色彩上都形成了自身的独特风格，成为闻名遐迩的年画之乡，与苏州桃花坞年画并称"南桃北柳"。同时，酬神唱戏也是当地民俗的一大亮点，也得到了当地乡绅和富户的大力资助，其中搭建戏楼、戏台是重要的一个表现，是地缘文化的需求导向。

宗教文化——大运河联系了杨柳青与周边及南方各地，后佛教和道教文化传入杨柳青数百年。宗教文化已深入影响了杨柳青镇，不仅吸引了本地居民进行朝拜，还带动了天津市和周边各县来此传授教义，或举办佛事，或募捐修庙，镇内兴起了建寺庙的热潮，至明末清初，天津市内寺庙达130余座，而杨柳青竟建有30多座，可见杨柳青宗教文化的繁荣。

第二节　杨柳青传统建筑规划与布局特点

杨柳青临近运河，得其流通畅豁之便，水路交通发展便利，因此小镇与一般依托资源、军事、产业等传统城镇不同，重在为长途贸易和运输活动提供中转服务，这类活动都是跨省进行，或同省内距离较远的两个地区进行，是时码头、仓储、客栈、交易场所等成为杨柳青镇的重要象征。正如《壶天录》记载："有村名杨柳青，距天津三十里，市廛

图4-2-1　1900年代杨柳青镇的城镇形态（来源：杨柳青博物馆）

图4-2-2　杨柳青年画摊1（来源：《邮筒里的老天津》）

图4-2-3　杨柳青年画摊2（来源：《邮筒里的老天津》）

闹热，户口数万，皆沿河而居，业船者比户皆甚，俗称养船，盖以之养赡身家也。"[①]可见杨柳青镇与传统受礼制营城规程影响的城市不同，没有城墙、没有护城河、没有城门，整个古镇都以开放的形态进行贸易往来，城市形态自由，街巷曲折，建筑不拘一格地随着南运河走向发展而建设（图4-2-1）。

杨柳青镇历史悠久，是我国历史文化名镇。自北宋形成聚落，金朝建置开始，明清成为京杭大运河沿岸重要的商业码头、南北物资交流的集散地，当时城市极为繁华。镇内保留的建筑遗址与店铺林立、摊贩通街的清代街衢（图4-2-2和图4-2-3）、四合宅院、古运河风光共同构成了杨柳青风光秀丽的运河古镇风貌。

第三节　建筑群体与单体

明清时期，杨柳青镇已成为远近闻名的津沽商业重镇，内部街巷狭窄幽长，呈网格状分布，其中猪市大街、油坊胡同、纸坊胡同、菜市大街等街巷名称与业态相一致，与运河的漕运功能不可分割。而杨柳青古镇历史上有名的沿河大街、估衣街、猪市大街和三不管街都与大运河平行，而民居建筑也都是一层或者两层沿街分布。如沿运河的沿河大街，光绪年间就有民居在此沿河建房，旧时中段商铺较多，为杨柳青较为繁华的街市，今沿街南侧建筑已拆除（图4-3-1和图4-3-2）。

杨柳青镇现保存大量具有地域特色的历史文化建筑遗存，它们既融汇了运河沿岸各地民居、民俗和民间艺术的特色，又融入了天津老城的诸多元素。现有全国重点文物保护单位2处：世界文化遗产大运河的南运河、"华北第一民宅"的石家大院；天津市文物保护单位6处："杨柳青三宝"之一的文昌阁、具有晚清北方民居建筑风格的平津战役天津前

---

① 百一居士.《壶天录》卷下. 清光绪申报馆丛书本.

线指挥部旧址、装饰精美的董家大院、具有130多年历史的安家大院、安氏家祠、杨柳青火车站；此外，还有清代著名的崇文书院、普亮宝塔、准提庵、大量的地方民居（图4-3-3～图4-3-5）。

一、传统民居

俗语有云："富润屋，德润身"，那些因商贸聚集发家的杨柳青"八大家"，他们没有官品，为了显示自己的身份地位，故而在杨柳青镇形成了规模恢宏的大院集聚区（图4-3-6）。其中，杨柳青最具代表性的民居形式就是跨院，跨院既延续了明清时期北方四合院的建筑体系，又在其

图4-3-3　平津战役天津前线指挥部旧址（来源：王伟 摄）

图4-3-1　沿河大街旧貌（石家大院门前）（来源：网络，于培福 摄）

图4-3-4　猪市大街10号院（来源：王伟 摄）

图4-3-2　猪市大街旧照（来源：网络，于培福 摄）

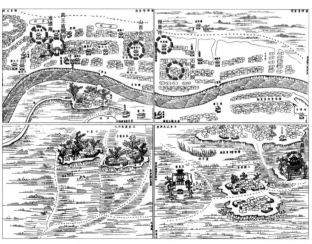

图4-3-5　古代杨柳青镇重点建筑分布（来源：《津门保甲图说》，改绘：王伟）

图4-3-6　杨柳青镇运河沿岸民居大院片区（来源：天津大学文化遗产保护发展研究院 提供）

图4-3-7　安家大院大门（来源：王伟 摄）

图4-3-8　安家大院前院（来源：王伟 摄）

基础上结合了杨柳青的当地地域文化进行改变，建筑形式、建筑风格更多样化。如因运输漕粮发家的石家大院，为四门尊美堂石元俊、石元仕兄弟历经50年修建而成的私宅，占地6000余平方米，共200多间屋，为天津市内传统民居的典型代表，也在中国民居建筑中具有独特的地位。大院内还设有花园、戏楼、佛堂、账房等，功能齐备，装饰精美，且部分装饰风格还借鉴了西方建筑装饰特色，极具观赏价值。而"赶大营"第一人——安文忠，不仅推动了新疆的商业开埠，带动了沿线陕、甘、宁、绥的经济发展，还于家乡杨柳青建设了一座建设风格简洁大方的安家大院。董家大院的主人则是靠牲畜推磨的小当铺发家致富，因水灾住宅被淹，遂于地势较高的曹家胡同购地建宅，院落中轴对称，层层递进，别具特色。

1. 建筑形式

杨柳青邻近老城厢，所以建筑形式与其大致相同，多以四合院或三合院为基本，建筑布局自由灵活，如安家大院的二进四合院的建筑布局，三个院落形成四合连套的格局，其中第一进四合院的面积居杨柳青单院面积之冠（图4-3-7和图4-3-8）。杨柳青民居建筑在装饰上、构造上都具有自身的特点，一方面多采用建筑体量较小的"四梁八柱"结构形式，这与明清时期的等级制度相适应（富商无品级，只能按

平民规制建造）。另一方面，建筑多注重磨砖对缝、墀头砖雕、合瓦屋面、室内吊顶等。

杨柳青民居建筑大多在中间设大门，并建有门楼和影壁，各建筑功能齐备并合理。建筑院落中常设胡同式的南北向箭道，位于整个建筑群的中间，用方砖铺成甬路，以此沟通两侧院落。形式有两种，一种是采用对称布局的建筑形式，如董家大院以箭道为轴线，五间两进双路小式硬山四合院两侧布置，两侧正屋均为穿堂门，中轴线开设四个门，用以联系各个院落（图4-3-9）。另一种是箭道设置在中间，但东西两侧的建筑依照建筑功能的不同，采用不同的建筑布局，形式多样，布局不尽相同。如津门八大家石家之宅，是天津典型的四合套住宅，整个院落以箭道为中轴，分

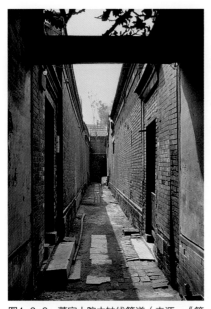

图4-3-9 董家大院中轴线箭道（来源：《第三次全国文物普查不可移动文物登记表》，赵金港 摄）

图4-3-10 石家大院鸟瞰（来源：天津大学文化遗产保护发展研究院 提供）

为东西两部分。东侧为五进四合院，西侧则由佛堂、戏楼、男花厅、园林等建筑组成，各院落之间既分离又有联系（图4-3-10），且每个建筑主体结构均为抬梁式木构架，两端硬山架檩，室内为了保证更大的使用空间，以少柱或无柱的形式为主；室外建筑和庭院沿南北方向布置，两侧建筑层层递进，箭道中间又以垂花门划分，使整个院落布局充满层次感。

2. 建筑风格

受运河文化的影响，杨柳青民居建筑风格比较多样，既有南方建筑的精巧，又不失北方建筑的豪爽洒脱；既有中国北方建筑文化的古色古香，又有西方元素的别具匠心。如曾位于杨柳青曹家胡同五号院的中国人民银行杨柳青营业驻地，其院落的大门就为北方极罕见的仿石库门样式（图4-3-11）；石家大院的院落中也随处可见的中国南方庭院建筑的檐廊、园廊和亭台等（图4-3-12），及院内别致求新的西洋门，采用西洋建筑的构图手法，与中国传统垂花门的样式相结合，半圆的拱券、精致的线脚与精美的石雕相结合，这

些都是杨柳青南北、中西多元文化相融的重要体现和典型代表（图4-3-13）。

同时，杨柳青镇民居建筑在接受广泛的域外建筑文化外，还对地方建筑文化进行了充分的弘扬和传承。特别是运河南岸建于明清和民国时期的大院片区，每座大院大都为磨砖对缝、青砖灰瓦、木梁圆柱、几进几出的四合院，不仅有典型的北方大宅门、砖雕照壁、垂花门，还有独特的建筑风格和特点。如石家大院各个院落用材考究，做工精细，在建筑布局、建筑风格、建筑细部上都融入了杨柳青当地箭道、戏楼、影壁、烟道等特色空间的设计。而安家大院和董家大院则追求朴实的建筑风格，建筑多采用小式硬山做法，清水脊、合瓦屋面、青石台明、青石陡板、木雕门窗、砖雕透气孔等建筑风格。另外，部分建筑单体还融入了新颖的设计手法，如安家大院前院厨房民国建筑风格的碹窗碹门，样式奇特、用料讲究的木制隔扇，以古钱形四周环以"佳五矢止"含义深刻的地面铺装及保存完好的地下金银库和"文革"时期的战备地道等，都是杨柳青地区时代文化的继承和再现（图4-3-14、图4-3-15）。

图4-3-11 原曹家胡同五号的仿石库门（来源：网络）

图4-3-12 石家大院戏楼前天井院檐廊（来源：王伟 摄）

图4-3-13 石家大院西洋门（来源：王伟 摄）

图4-3-14 安家大院民国风格厨房（来源：王伟 摄）

图4-3-15 安家大院木制隔扇（来源：王伟 摄）

3. 建筑技术

杨柳青传统民居中蕴含了大量的建筑建造技术智慧，主要体现在防潮、供暖、通风、排水等方面，不仅对研究民居建筑有重要的文物价值，也对未来技术发展与创新提供参考依据。以石家大院为例，对其供暖系统、排水系统、土空调、碱木防潮及戏楼建筑技术等进行分析，可知石家大院在建造之时有许多超前之举。

戏楼设计：石家大院的戏楼在建构之初，功能布局和细部上就进行了精妙的设计安排，在厅柱高约3米处设置一圈回廊，回廊上设置宽敞的玻璃窗，供戏楼采光，以形成良好的视线效果。为了保障戏曲的音质，戏楼墙面的砖均采用专用工具、专用材料打磨垒砌而成，砖缝也是用糯米粉打浆与白灰膏黏合而成。加之戏楼北高南低，不易产生回音，因此在北面设隔扇门，可将余音散出，使整个戏楼拢音设计效果极佳，不使用扩音设备，声音便可从舞台传播，各个角落均可以清楚地听见。石家大院戏楼巧夺天工的技艺堪称一绝（图4-3-16、图4-3-17）。

供暖系统：石家大院的建筑均采用北方的火炕取暖，但客厅与戏楼处采用地炉取暖方式。于室内地面青石板架在梅花垛上，地下则形成纵横交错的烟道，地炉灶口设置在客厅西墙处，冬季从此处加入木炭，后从烟道穿过，向地面供暖，后延东北处墙内烟道从屋顶排出。这种方式受热均

图4-3-16　石家大院戏楼观众厅（来源：王伟 摄）

图4-3-17 石家大院戏楼回廊（来源：王伟 摄）

图4-3-18　石家大院地炉灶口（来源：王伟 摄）

图4-3-19　石家大院地热坑（来源：陈孝忠 摄）

匀，不占空间，传热迅速，干净整洁，夏季烟道还可成为通风口，形成冬暖夏凉的室内环境。石家大院的供暖系统是当时一大创举，设计十分合理和先进（图4-3-18、图4-3-19）。

碱木防潮：杨柳青历史上是退海之地，盐碱化比较严重，又因临近运河，地势较为低洼，所以建筑比较注重防潮防碱，特别是随处可见的由碱木、透气砖、条石组成的墙体防潮层、防碱层，这是杨柳青地区传统建筑的重要特点之一。如石家大院的建筑在距离地面约40厘米的墙体上设一层宽约8厘米的碱木，以阻隔地面墙下的潮湿气，下面是透气

砖，间设通气孔，再下是高约20厘米的条石层，不但起到防潮、防碱的效果，还具有一定的装饰作用（图4-3-20、图4-3-21）。

排水系统：杨柳青地区传统民居是以砖木结构为主的合院建筑群，为了长久地保护建筑的内部梁架结构及房屋基础，大院的房主对排水系统设计十分重视。如石家大院在建造之初就利用院址北高南低的地理优势，因势利导，于屋顶檐口及墙根设置排水口，并通过地面下水道汇集于箭道下面的排水管，此排水管是石家大院最大的排水管，雨水在此汇集后，顺势流入南门外运河里（图4-3-22、图4-3-23）。

图4-3-20　石家大院墙体碱木防潮层（来源：王伟 摄）

图4-3-21　普通民居墙体防潮层（来源：王伟 摄）

图4-3-22　石家大院排水口（来源：王伟 摄）

图4-3-23　石家大院屋顶排水（来源：王伟 摄）

二、公共建筑

　　杨柳青镇发展至明清鼎盛时期，居民数千家，商贾辐辏，摊贩通街，成为运河沿岸的重要市镇。人口的不断聚集，不仅增加了大量的居住需求，还应时出现了衣、食、住、行及精神需求的公共建筑，有商铺、银号、粮庄、餐饮、客栈、戏楼、画庄、祠庙、书院、楼阁、税局（大清税局）、会馆（山西会馆）等类型多样、功能不同的公共建筑类型（图4-3-24～图4-3-26）。因杨柳青与老城厢均受

"河"、"海"文化的影响，所以当地公共建筑的建筑形式及风格大多与天津老城厢类似。

（一）商业建筑

　　"杨柳青有运河及盐河之交通，人民因之多业商，而客于四方，农圃者仅百分之一、二耳。"[①] 杨柳青借助京杭大运河的漕运优势，使运河两岸的人烟逐渐稠密，形成了繁荣的沿河商业街、商业店铺，既促成了杨柳青的经济发展，又为南北往来的商旅政客提供便利。正如从淮安北上，路过杨

① 张江裁. 天津杨柳青小志. ［M］.据民国二十七年《京津风土丛书》本影印.

图4-3-24　官斗局（来源：杨　　　　图4-3-25　酒馆（来源：杨柳青博物馆）　　　　图4-3-26　药店（来源：杨柳青博物馆）
柳青博物馆）

图4-3-27　玉成号画庄正门入口（来源：网络）　　　图4-3-28　玉成号画庄内院（来源：网络）

柳青的吴承恩，感于当时的场景，作诗《泊杨柳青》："村旗夸酒莲花白，津鼓开帆杨柳青。壮岁惊心频客路，故乡回首几长亭。春深水涨嘉鱼味，海近风多健鹤翎。谁向高楼横玉笛，落梅愁绝醉中听。"

杨柳青最早的商业主要为从事餐饮和投宿的起伙店，后为颇具规模的杨柳青年画销售店铺。乾隆嘉庆年间杨柳青镇已有3条街在经营年画，300多个作坊，形成了"家家会点染，户户擅丹青"的画乡风貌，如著名的戴廉增、戴廉增利、戴美利、齐健隆、惠隆、键惠隆年画店及民国十五年（1929年）创办的玉成号年画店等。后因南北物资运输的频

繁，拉动了货币之间的流通，致使杨柳青后期出现了开设商号银号、粮庄钱庄、典当行业等，至民国年间，杨柳青已有大小商铺数百家。

玉成号画庄是霍玉堂先生创立于1926年，是民国时期杨柳青镇内规模较大的年画作坊，主要制作木版年画。其画庄为霍家老宅的一栋四合院，建筑形式与传统四合院相似，整个画庄既是研发、制作年画的地方，又是进行买卖交易的场所，深宅大院，功能分区明确，流线组织合理。其中院内均设檐廊，并四周挂满年画作品，不仅活跃了画庄的氛围，也为来往的买家提供参观欣赏的场所（图4-3-27、图4-3-28）。但随着

2002年杨柳青镇的整改，原画庄已经不存在，今玉成号画庄已搬至杨柳青仿古明清街的年画街上。

（二）祠庙建筑

从元代至民国，杨柳青镇内先后建有大小庙宇34座，这些庙宇大多以佛教为主，是少有的佛门圣地。《天津杨柳青小志》中记载，报恩寺、大王庙元代就已修建，明清陆续修建佛爷庙、玉皇庙、菩萨庙、天齐庙、天齐庙、关公祠、火神庙、药王庙、白衣庙、关帝庙、准提庵等庙宇。当中尤以药王庙建筑群最为宏伟，香火极为旺盛，后由于清末民初，维新之风日盛，刮起了改庙兴学的热潮，一部分庙宇被改建为学校，一部分庙宇因致力于商业的拓展而任其坍塌，如药王庙被拆改为县立第一女子小学，新中国成立后改为第二完全小学；杨柳青关帝庙，也是山西会馆，故又称西老爷庙，也曾为杨柳青较具规模之寺庙，始建于清顺治八年，新中国成立后改为杨柳青第一小学，后拆改遗迹无存。时过境迁，经过清末战乱的洗礼，杨柳青镇现仅存准提庵一座庙宇和安氏家祠一座祠堂。

准提庵也称十八手菩萨庙，坐落于十三街利民大街准提庵胡同西侧，始建于清康熙年间，原为本镇"八大家"董氏家宅，后将其施于庙宇，逐渐扩大规模。寺庙有山门、院落及大殿，其中大殿三楹，原供奉木雕准提菩萨；山门高大，涂以朱漆，并配铜门环，门前原有刻工古朴的石枕，今以石狮代替；肩墙磨砖对缝，为杨柳青镇建筑特色。新中国成立后，准提庵改为十三街胜武老会的活动场所，现为十三街村委会老年活动中心。准提庵是密法准提法的重要实物见证，也是杨柳青多元宗教文化的重要体现（图4-3-29）。

安氏家祠始建于清康熙年间，原为"赶大营"第一人安文忠家宅，后民国24年（1938年）改为家祠。《安氏家祠记》碑文记载："决于明春三月，将自购杨柳青施医局胡同瓦房一院，改建家祠。拟定向北正房三楹，以奉祀历代宗祖；配房二楹，为岁时祭祀族众集合会餐、祭余及保存族谱、收贮文物之室。粗具规模，不求崇丽，示后世以俭。附以子牙河北岸地一段，名小八分，计七余亩，以做安氏永久祭田。"祠堂坐北朝南，由南北两进院落组成，中设穿堂以联系两个院落。各建筑均磨砖对缝，青石高台，抬梁结构，清水脊，为典型的清代北方四合院风格（图4-3-30）。

（三）楼塔建筑

杨柳青镇现有两处楼塔建筑，即天津市文物保护单位文昌阁和西青区区级文物保护单位普亮宝塔。其中，文昌阁位于运河南岸，旧时为杨柳青镇最高建筑，高五丈余，上下三层，呈六角形，是我国华北地区明清时期楼阁式建筑的重要代表，是杨柳青现今保存最完好的古建筑之一。文昌阁运用南方园林中的亭、阁特点，参以楼塔形式而建成，是可攀登、临眺、远望的有护窗的楼阁。一层为砖木结构，形成支

图4-3-29 准提庵山门（来源：王伟 摄）

图4-3-30 安氏家祠二进院（来源：王伟 摄）

图4-3-31 文昌阁正立面（来源：王伟 摄）

图4-3-34 普亮宝塔（来源：王伟 摄）

图4-3-32 文昌阁二层外廊（来源：王伟 摄）

图4-3-33 文昌阁脊兽（来源：王伟 摄）

撑二、三层的坚实基座，二、三层为木结构，金柱为通柱，贯穿一、二、三层，三层檐柱落在二层角梁上，以宝瓶承托，结构精巧合理。明清时期，文昌阁成为杨柳青镇的文化和民俗活动中心，清光绪四年（1878年）曾在此设立崇文书院，作为当地重要的教化育人场所。每年当地的庙会、祭奠活动也在此举行（图4-3-31~图4-3-33）。

普亮宝塔位于运河南岸，清嘉庆十一年（1806年）百姓为纪念杨柳青民间道士于成功而建造，因其道号为普亮，遂名普亮宝塔。塔由基座、塔肚、塔身三部分组成，是一座实心宝塔，其中基座为八角形，塔肚为喇叭形，塔身为七层密檐，每层边檐刻有寿字圆瓦，顶置圆形塔刹。塔通高12.5米，由青砖垒建，塔后为于成功之墓（图4-3-34）。

第四节 建筑元素与装饰

杨柳青镇传统建筑特别注重外檐砖雕和内檐木刻，建筑设计中常采用大量的青石细雕、朱彩油漆，其中砖雕、木雕、石雕装饰精美，造型别致。以当地比较发达的年画文化为例，其最初的雕刻工人不能设计出很复杂的图样，他们必须找年画师傅先设计样稿，再由刻画版师傅进行雕刻，而后不断吸取经验，在技艺上不断进行改进，故而出现了许多砖雕、石雕、木雕高手，石家大院的建筑装饰就是杨柳青地区保存最为完整、最具代表性的案例。

一、雕刻艺术

因明、清时期的住宅等级制度要求，庶民庐舍不过三间五架，不许用斗栱，不许饰彩色，所以杨柳青地区的豪门巨贾十分重视建筑的雕塑装饰，山墙、山脊、屋檐、墀头、门楼，甚至屋檐出水口、墙根排水口等都有镌刻精湛的砖雕、石雕和木雕镶嵌。其中，砖雕和石雕多用于各户大门的门墩、石鼓、影壁、柱础等，硬山墙博缝头也饰刻砖，如鱼跳龙门、丹凤朝阳（丹凤朝阳是将博缝头必有的圆形线脚心刻一个日字，丹凤轻翔其上，翘首迎向朝阳）、连年有余（源于年画中各类童子画）等，这种装饰在杨柳青传统建筑中随处可见。如石家大院院内砖石雕装饰不但纹样繁缛、古朴典雅、刻工精美，而且寓意极其丰富、巧妙，图案有松鼠葡萄、福善吉庆、岁寒三友、回字、万福、连珠等，特别是南门曲云状的门头，构图丰满，造型细腻，层次丰富。木雕则主要表现在建筑的梁架、垂花门、门窗、屋檐和室内装修，如石家大院的垂花门木雕装饰，分别以荷花"含苞待放"、"花蕊吐絮"、"籽满蓬莲"三个时期为题材，以寓意家人多福多寿（图4-4-1～图4-4-6）。

图4-4-1　石家大院砖雕门头（来源：王伟 摄）

图4-4-2　墀头雕刻（来源：王伟 摄）

图4-4-3　石雕烟囱（来源：王伟 摄）

图4-4-4　抱鼓石（来源：王伟 摄）

图4-4-5　抱鼓石与抱柱石（来源：王伟 摄）

图4-4-6　垂花门局部木雕（来源：王伟 摄）

二、地域元素

纵观杨柳青传统建筑中的地域元素，是地区劳动人民经过长期的实践而形成的人居智慧，或因地理环境，或因运河文化，致使杨柳青传统建筑比较注重门楼、垂花门、影壁、烟囱、柱础、墙面等细部设计，并饰以各式各样、装饰精美并具地方文化元素的雕刻装饰（图4-4-7～图4-4-11）。

（一）门楼

门楼是古建筑的重要组成部分，既是人们出入的通道，又是整个建筑群连接外部环境的重要节点。如石家大院门楼的设计，不仅体现了石家当时门第之高的社会地位，还展示了当地砖雕、木雕及石雕的高超艺术水准，特别是大院内的虎坐门楼、西式门楼等门楼的设计，承载着不同的文化内涵

图4-4-8 石家大院垂花门（来源：王伟 摄）

图4-4-7 石家大院虎坐门楼（来源：王伟 摄）

图4-4-9 安家大院影壁（来源：王伟 摄）

图4-4-10   安家大院墙面设计1（来源：王伟 摄）

图4-4-11   安家大院墙面设计2（来源：王伟 摄）

及家庭观念。其中，虎坐门楼讲究对称和注重整体的和谐统一，门楼的装饰与建筑结构紧密衔接，协调有序。

（二）垂花门

垂花门得名于其檐柱不落地，垂于屋檐下，常以花瓣形垂珠收尾，四面不砌墙，上有瓦当、椽头，下有门枋、花板、雀替等精巧美观的木构件，门下常有富有装饰效果的门鼓石和滚墩石等稳定性构件进行加固。同时，垂花门因所处位置及功能的不同而有多种建筑形式，有独立柱担梁式、一殿一卷式、四檩廊罩式、五檩（六檩）单卷棚式等形式，一般位于建筑群的中轴线，用于建筑的第二道门，地位十分重要。如石家大院位于佛堂院处的垂花门垂柱雕花花蕾，遂取名"含苞待放"，整座垂花门雕刻十分精美，上有"九狮图"木雕，下有狮子雕刻的抱鼓石，并有琴棋书画石雕点缀，象征石家为书香门第，垂花门三级台阶处还有民间少见的"回纹图"和"宝相花"石雕。这座垂花门是石家大院保存最完整的垂花门之一，也是石府重要的沟通内外宅和空间划分的要素。

（三）影壁

影壁是中国传统建筑的重要组成部分，由壁座、壁身、壁顶三部分组成，一般正对大门外，或院内正对大门、堂屋处，是整个院落不可分割的整体。影壁既可遮挡视线，起屏障作用，又有装饰作用，烘托气势。如石家大院影壁位于大门内，与男花厅院南房房山相衔接，整体由瓦顶、脊头、檐口、花牙、雀替、壁身及须弥座构成。造型简洁大方，壁身饰以浮雕手法雕刻的精美砖雕，特别是壁身四角雕刻的"狮子滚绣球"的图案，与中心留白形成鲜明对比。另外，影壁还有花、鸟、蝙蝠、植物、几何图案等寓意深刻的图案。整个影壁雕刻精美、层次分明，具有重要的建筑学和人文学价值。

三、西方元素

1860年西方列强的入侵，不仅给天津带来了灾难，也将西方文化引入天津，特别是西方古典主义建筑思潮对天津传统建筑的影响，使中西文化得以融合，进而再创造，再演绎。杨柳青地区传统建筑也受西方文化的影响，出现了西式拱券、柱式、室内壁灯、吊灯、廊柱等装饰（图4-4-12~图4-4-14），尤以石家大院的西洋门最具代表性。西洋门位于石府箭道上与第二道垂花门相连，不仅具有中国建

图4-4-12　石家大院西洋门局部1（来源：王伟 摄）

图4-4-13　安家大院室内吊灯（来源：王伟 摄）

图4-4-14　石家大院西洋门局部2（来源：王伟 摄）

筑特有的门的属性，还加入了西洋的构图手法和建筑元素，是一种新的建筑形式，是石家大院最具特色的空间。西洋门门柱上有中式砖雕，拱券门上雕刻连锁如意图案，门楼上原有象征国泰民安的五色旗，这种中西合璧的西洋门至今都是中国传统民居建筑和西方文化碰撞产生的重要产物，是杨柳青地区历史的见证。

第五节　杨柳青地区传统建筑风格总结

杨柳青境内河网密布，是"河"文化引导下，自由成长的市镇。因运河的重要职能，杨柳青成为从京城通往江南的重要驿站，成为北直隶重要的水路码头，由此南来北往的商船带动了当地的商业和手工业的繁荣，孕育了杨柳青运河、大院、年画、宗教等文化的发展，其中大院文化最能体现杨柳青多元文化相融的特性，这是因为至今保存较好的年画作坊、准提庵、平津战役指挥部旧址、祠堂等公共建筑也都是在原民居大院的基础上兴建和演变而成的，所以民居建筑是杨柳青传统建筑的核心代表和建筑文化集萃。

杨柳青民居在建筑布局上巧妙地以三合院、四合院为基本布局形式，并突破原院落式布局中轴对称的特点，以箭道为轴线，可对称布局，也可不对称布局，并有主次之分，建筑群之间纵向轴线与横向流线之间有交接，各个院落均通向箭道，这样增强了人与建筑之间的空间开合感受，这是对传统四合院的发展及创新。同时，箭道常设置风格多样的门楼，门楼增强了整个院落的层次感和进深感，弱化了中轴线的空间地位，强化了交通空间的作用。在建筑装饰上，注重细节处理，有传承地方文化的砖雕、石雕、木雕，有南北交融的门楼与廊亭设计，又有中西合璧的西洋门与室内装饰。在建筑结构上，继承了北方传统建筑保温较好的抬梁式构架，两端铺以硬山搁檩，为获得更大的室内空间，采用少柱和无柱的构造。总之，杨柳青是天津受"河"文化的影响，表现最鲜明、最具特色的传统小镇，是民居文化与非物质文化最丰富、多元的集聚区。

第五章　天津市蓟州区传统建筑研究

蓟州区位于天津市最北部，地处京、津、冀三省市交界处，东接遵化，西连平谷，南邻宝坻，北引兴隆，境内自然环境优美，物产丰富，自古便是繁华胜地。早在旧石器时代这里就有人类聚居繁衍，春秋时期设无终子国，秦朝改为右北平郡无终县，隋因其地在渔山之阳而改名渔阳，置渔阳郡。唐"析幽州，置蓟州"，为此地"蓟"之始，渔阳为州治之所。辽、金、元如故，明洪武初年撤渔阳县设蓟州，属顺天府，为京东重镇，同时也为长城沿线边防要塞。清因之，民国初期废州改县，始称蓟县。2016年6月，撤销蓟县，设立天津市蓟州区。

蓟州区是古时京东地区重要的政治经济文化中心，是战略军事要塞，也是蓟运河的重要中转站，历史悠久，文化底蕴深厚，文化遗产资源丰富。千年古刹独乐寺、长城古塞黄崖关、皇家行宫静寄山庄及佛教圣地盘山都是蓟州区古建筑群的典型代表。同时，受周边河北、北京地域文化及当地地质构造环境的影响，蓟州区的传统建筑也出现了独特的空间聚落和建筑群，如中国历史文化名村——西井峪村民居建筑的营建。

第一节　蓟州区地区自然、文化与社会环境

一、自然环境

蓟州区北依燕山山脉，南连广袤平原，地理位置极其优越（图5-1-1）。县境内依山环水，自然条件优越，山有渔山、盘山、府君山、凤凰山、川芳峪、翠屏山等众多山脉；水有州河、沽河、泃河、漳河、淋河等河流，这些河流由北向南又汇于蓟运河，最终南流入海。蓟运河在明朝为重要的水路运输河道，为蓟镇戍边沿线营寨提供了重要的粮秣物资。明崇祯年间河道淤积，康熙年间为了陵寝建设又重新开通。蓟州区这样雄秀兼备的山水环境为传统建筑的营建提供了天然的环境格局，吸引了清代诸多皇室及王公贵族在此选墓、建行宫。

蓟州区位于燕山山脉中段，是南部农耕民族与北面游牧民族的分界地，境内有山、有水、有平原，构成了地势北高南低的自然地理环境。境内的城市建设大多位于坡度较小、地形地势较为平坦的山前平原地区，这样有利于农作物种植和各类工程的建设。但也有一些城市营建选择了地形复杂、四面环山的山地，如军事寨堡及其聚落的建设就需要选择在具有天然防御功能和易守难攻的地形上，以时刻屯兵备战。再如府君山脚下四面环山的天津首个历史文化名村——西井峪村，因整个村子处于中上元古界地质剖面自然保护区的南端，盛产页岩、石英砂岩、白云岩等，所以当地的建筑都以

石头垒砌而成，别有一番风景。

蓟州区位于天津最北部，属暖温带半湿润季风型大陆性气候，四季分明，冬季寒冷、干燥，夏季高温、多雨。特别是山区内气温变化比较大，日较差、年较差、山上与山下温差都变化较大。所以，为了抵御寒冷，传统建筑墙体都比较注重保暖，同时部分民居建筑常伴有土炕的设计。如蓟州区张家大院和山里村落的民居建筑都有土炕设计（图5-1-2）。

二、社会环境

军事地位——蓟州区在历史上军事地位险要，古时为京城通往燕山以北地区的重要交通关隘，自唐朝开始就有重兵把守，成为幽州东面防御契丹的前沿阵地。明朝时为长城"九边重镇"之一的蓟镇，管辖东起山海关至西居庸关之灰岭口段（图5-1-3）。伴随明朝政治及军事地位的转变，蓟

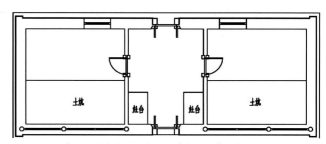

图5-1-2　蓟州区张家大院土炕设计（来源：《张家大院修缮工程勘察设计方案二期》，天津大学建筑设计研究院）

图5-1-1　蓟州区山水环境（来源：网络）

图5-1-3　明代蓟州（来源：明兵部编《九边图说》中蓟镇分图，明隆庆三年（1569年））

镇的战略军事地位逐渐凸显。至清朝时，蓟州区已成为"畿东锁钥"之地，虽不再是边防重镇，但其却成为清朝定都北京后，皇家行宫、座落、陵墓等大型工程的风水宝地，由此蓟州区在清朝时的战略地位同样重要。

谒陵之道——蓟州区是清朝皇帝去东陵祭祖谒陵的必经之地，从康熙皇帝开始，历朝皇帝多次途经蓟州，也多次亲临古城。为了营造良好的道路环境和休息环境，大力修建了御道、行宫、座落等，道光《蓟州志》记载："乾隆十九年，新拉御道，占用地五十二亩六厘。"修建御道，方便了谒陵，也为蓟州城市建设带来了新契机。今蓟州区古城武定街和文昌街便是当年谒陵之道。

人口迁入——蓟州区外来人口大量迁入是在清朝，因东陵、皇家园寝和行宫的修建，大量工匠、守军涌入，特别是大批满族商贾、工匠等人的迁入。同时，蓟州区借助得天独厚的自然地理环境使经济发展十分迅速，古城、邦均、马伸桥、上仓、下仓等在清朝时期就已成为重要的商品集散地。城市地位的提升导致大量的外来人口迁入和文化迁入，特别是邻近京城的满族人，对蓟州区城市建设影响深远。

三、文化因素

山水文化——蓟州区古名渔阳，因其位于渔山之南，渔水之北。境内层峦叠嶂、盈盈碧水、运河悠悠，依山傍水的自然环境，造就了蓟州区多样的山水文化建筑风格。很多历史建筑都是自然山水与人工建设相结合的典型案例，也塑造了京东名胜"独乐晨灯"、"盘山暮雨"、"崆峒积雪"、"青池春涨"、"白涧秋澄"、"采村烟霁"、"铁岭云横"、"瀑水流冰"的蓟州古八景。

佛教文化——隋唐盛世之时，全国各地佛教文化迅速兴起，蓟州也不例外。这时期兴建了独乐寺、广福寺、千像寺摩崖石刻群及景色秀美的盘山佛寺。到了清朝，康熙、乾隆、嘉庆三代皇帝在蓟州区对佛教文化进行了空前的经营，蓟州区城内出现了庙宇林立、香客盈殿的繁盛景象，其中盘山上修建了72座寺庙，建筑均依山傍林，青山绿水间随处

可见风格多样的寺庙和佛塔，颇有佛家圣地之感（图5-1-4~图5-1-7）。

皇家文化——蓟州区邻近京城，皇家文化对当地的影响

图5-1-4 天成寺（来源：《清代蓟州皇家胜迹》）

图5-1-5 千像寺（来源：《清代蓟州皇家胜迹》）

图5-1-6 太古云岚（来源：《清代蓟州皇家胜迹》）

图5-1-7 静寄山庄（来源：《清代蓟州皇家胜迹》）

十分深远，城市营建以盘山、府君山和州河为古城建设的山水骨架，清朝皇帝们大肆修建行宫、座落，仅蓟州区境内就有五处行宫，座落十余处，如此大规模的皇家设施建设，是其他地方所不可比的。所以，蓟州区是目前中国封建社会皇家文化保存丰富、积淀深厚的重点区域之一。

辽代文化——辽代文化对蓟州具有深远的影响，尤以兴盛和成熟的佛教寺院建筑最为典型。从蓟州现存的传统寺院建筑中，可以发现辽时期崇尚建塔，很多寺院常以砖塔作为寺院的主体。同时，辽代寺院建筑群也有楼阁建筑，院落常采用以"阁在前，殿在后"的布局形式，这与以往"前殿后阁"的宋代寺院建筑布局有所不同，如"上承唐代遗风，下启宋式营造"的独乐寺就是此种布局形式。

图5-2-1　1975年蓟县古城测绘图（来源：蓟州区规划局资料室）

第二节　蓟州区传统建筑规划与布局特点

蓟州"左扼山海，右控居庸，背连古北，距东西南各四百余里，而蓟当其冲，枕山带河，重关复阻，第为应援，以翼蔽畿辅，雄甲他镇。故宿劲兵，丰储峙，以端城守。"[①]，自然条件优越，军事地位险要，清代就有畿东锁钥之称。所以，自古蓟州区便十分受当时中央政府的重视，唐朝是抵御北方游牧民族的军事重镇；辽代是运河开通后重要南北物资的集散地；明朝既是长城边防重要的九边重镇之一，又是蓟运河军需物资重要的仓储终点站；清朝是拜谒东陵的重要驿站。经过千年的历史沉淀和城市建设，蓟州区形成了以鼓楼、独乐寺为中心，以渔阳古街为中轴线的古城片区（图5-2-1）；以寺庙、宝塔、园林为核心的盘山片区；以北端黄崖关长城为中心的山区片区格局。

至今蓟州区境内保存了数量众多的历史建筑，这些建筑大多以蓟州的山水为骨架，巧于因借，因势利导，敢于因地制宜的借助自然山水环境进行选址和造景，注重自然与人工建设之间的呼应，尤以蓟州区古城内历史建筑群、盘山古寺古塔建筑群及黄崖关军事寨堡的建设为代表。其中，位于府君山之南的蓟州古城，在明清时期就已衙署齐备，庙堂俱全，而独乐寺和白塔也被梁思成先生称赞为"塔之位置，以目测之，似正在独乐寺之南北中线上，自阁远望，则不偏不倚，适当菩萨之前，故其建，必因寺而定，可谓独乐寺平面配置中之一部分；广义言之，亦可谓为蓟城千年前城市设计之一著，盖今所谓'平面大计划'者也"，由此可知，独乐寺和白塔从规划、设计到建造均从蓟州区城市建设的宏观格局进行了考究。

---

① 陆树声. 蓟州重修城楼记[M]. 明朝.

第三节　建筑群体与单体

古代蓟州区有三个黄金发展时代，即隋唐、辽、明清时期，特别是明清时期政府修御道、通运河等优化交通环境的举措，使蓟州区的城市发展达到了空前繁荣的局面。其中，明朝蓟州区具有明显的边塞文化特征，以军事建设为第一要务，修古城池、建寨堡、长城、关城等；清朝随着漕运的开通和皇家工程的营建，大量的商贾、工匠涌入蓟州，使蓟州区在建筑业、工商业得到了长足的发展，这时城市的建筑活动主要涵盖了城池、行宫、座落、营房、寺庙、园寝、道路、运河等多种建设。时至今日，经过千年的历史沉淀，蓟州区留下了大量的文物古迹，现保存较好的有全国重点文物保护单位独乐寺、白塔、千像寺三处，天津市文物保护单位静寄山庄、长城关帝庙、文庙、天成寺舍利塔、定光佛舍利塔、福山塔、鲁班庙、鼓楼、张家大院等25处，区级文物保护单位45处，这些都是中国古代建筑艺术的瑰宝。

一、传统民居

蓟州区位于山峦重叠的燕山南脉，属中上元古界国家地质公园保护区，以岩层齐全、出露连续、保存完好、质地清楚、构造简单而远近闻名，所以境内拥有大量的砂石、大理石、花岗岩等矿产资源，而供建筑用的石材分布广、储量大、品位高。因而蓟州区境内的传统民居有效利用当地的建筑材料，以石、砖、木混合材料和灰瓦为主进行建设，如蓟州区出头岭镇张家大院、龙虎峪镇南贾庄民居、城区北部西井峪村及西龙虎峪镇燕各庄村等（图5-3-1~图5-3-3），这些民居建筑各具特色，是不同时期对当地文化、建筑元素及建筑材料应用的最佳体现，是正统建筑文化影响下与非正统建造技艺之间相结合的产物。

（一）建筑形式

蓟州区境内传统民居以清代建筑为主，建筑形式比较自由，规格较为完备，多为合院式砖石瓦房。大量民居是原户

图5-3-1　燕各庄民居内景（来源：网络）

图5-3-2　燕各庄民居外景（来源：网络）

图5-3-3　西井峪村（来源：《天津市蓟县渔阳镇西井峪村国家级历史文化名村保护规划》）

主经商有了资本后，对自家老宅进行的大规模扩建和改造，或形成多进院落，或形成跨院的建筑群。这些建筑由于建设之初没有进行统一规划设计，加之宅基地的随意占用，导致蓟州区的民居既是以一个家族式而聚居在一起形成的人口圈层，又是一处不拘泥于形式、布局灵活的砖瓦房院落布局。

正如张家大院是以张姓人口聚居为主，西井峪村民居主要以周姓人口聚居为主等。

蓟州区民居建筑形式多样、灵活，多数以砖墙承重，少数富庶宅院因大跨度而采用木框架承重的特点，是与天津城区及周边的院落式民居类型最大的不同之处。最具代表的便是张家大院和石头房的建设。

张家大院位于蓟州区出头岭镇官场村北，始建于清代，院落坐北朝南，是由四座相对独立的并排四合院落组成。每座院落有门楼、三进正房及厢房，房屋用条石奠基，四面青砖，松柏木骨架，小瓦盖顶，中间为穿堂（图5-3-4~图5-3-7）。正房面阔五间，明间为穿堂。一进正房院落均有厢房，厢房面阔二间。最北均有形态各异的悬山门楼一座，

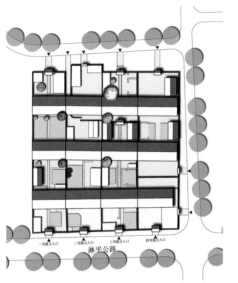

图5-3-4　张家大院平面图（来源：《张家大院修缮工程勘察设计方案》）

图5-3-5　张家大院入口门楼（来源：张猛 摄）

图5-3-6　张家大院三号院三进院落（来源：张猛 摄）

图5-3-7　张家大院内部甬道（来源：张猛 摄）

门扇上刻有对联。四处院落布局一致，整齐合理，原四周有院墙，四角设有角楼，今已不存。

张家大院在建筑形式和构造原理上以清代官式做法为基础，多采用三间或五间组成一栋建筑，木构常由柁架、檩、纤、排山及柱子组成。每一间房子有五根檩，四根纤，叫作"五檩四纤"。前檐的柱子叫明柱，掩砌在后墙里面的柱子叫土柱，支撑大排山膀子（相当于双步梁）的柱子叫作山花檐柱。这种做法与河北北部民居的木构架做法一致。与北京四合院相比，张家大院不同的是院落没有设置倒座，第一进院没有东西厢房。院落沿一条南北主轴线进行布置，把正房放在主轴线的适当位置，在正房前留出院子的宽度，并加围墙，围墙的中点，也就是中轴线上开设大门，这样就形成了第一进院落。每进院落的正房明间为穿堂，用以串通所有院落，每进院落皆有影壁墙。

石头房位于蓟州区西井峪村，府君山脚下，清代成村，因四面环山似在井中而得名。整个村落坐落于石山之上，拥有八亿年地质石岩，所以走进村子，随处可见石街、石坊、石桌、石凳、石桥、石头房等散落于山涧边缘。石头房则依山就势而建，建筑与街巷形成了平行于等高线的空间肌理，整个村落环绕勃勃山和府君山而建，形成一个环形放射状的布局形式。

现状村落保存较好的石砌历史建筑约占整个村子的三分之二，多为清末民初的老宅。这些石头房中既有布局严谨的独门独院形式，又有清代小式做法的硬山式单体建筑（图5-3-8、图5-3-9）。建筑多以砖石木混合而作，院落多坐北朝南，正房居中，多为三开间，横向串联，中间为厅堂；厢房两侧布置，多为单开间或两小开间石屋。受地形条件、房主经济条件限制等因素，院落布局均比较宽松自由，多以一进式为主，也存在少数二进式布局（图5-3-10）。建筑均由叠石垒砌，院墙仅干砌，墙体用片石垒砌并用泥浆灌缝，较为简易。梁架直接搁置于墙体上，正面立柱支撑横梁，山墙檐口做青砖叠涩出挑。南向开大窗，背墙不开窗，仅由石墙砌筑，室内墙面用泥浆，或灰浆涂抹平整。

图5-3-8 西井峪村一进式院落布局（来源：王伟 摄）

图5-3-9 西井峪村独栋建筑立面图（来源：王伟 摄）

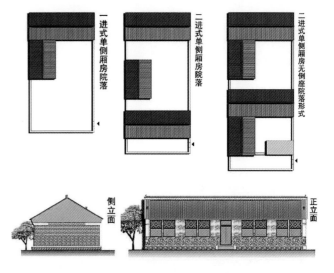

图5-3-10 西井峪村典型建筑院落形式（来源：《基于生态伦理的古村保护与发展研究—以天津市西井峪历史文化名村保护规划为例》）

（二）建筑风格

蓟州区是古代的边塞城市，是游牧文化与农耕文化的交界地带，同时古时运河的通航和帝陵的修建，为蓟州区带来了大量的外来文化，导致建筑风格上呈现多样性的特点。如张家大院的建筑风格是天津、河北等地方做法与明清北方官式做法相结合的实例，建筑外屋（明间）稍大一些，这是为了预防北方的严寒，屋内设火炕，外屋搭设两个锅台，这种建筑做法与清代满族民居较为相似（图5-3-11）。但从制作及用料方面较官式做法更简单合理，不需要材料的加工取直，所以张家大院民居建筑的柁、柱、檩、大小山膀子基本用圆木制作，只进行简单的加工。除檩、纤（相当于檩枋）之外，木材弯曲也被使用，省工省料，坚固耐久，又适用农村经济条件，所以这种做法在当地至今还广为流传。而院内甬道铺地与普通民居做法差别较大，甬道中心铺以街心石两侧用大停泥，并以大停泥做牙子（图5-3-12）。院内排水以明沟贯穿整个院落。

蓟州区还存在一些风格十分独特的聚落，包括村落形成渊源、民居建筑特色、与周边山水环境相融等方面特色明显，这对研究蓟州区村落历史发展与变迁、村落营建与周边自然环境结合的设计手法都具有重要的历史文化价值和艺术价值。如西井峪村民居建筑基本保持了石砌的建筑风格，一层建筑，页岩石干砌，外立面呈现凹凸状。建筑群均依山就势，形成蜿蜒狭长，色调古朴，别具一格的街巷环境和院落空间（图5-3-13、图5-3-14）。

图5-3-11　张家大院灶台（来源：张猛 摄）

图5-3-12　张家大院甬道铺地（来源：张猛 摄）

图5-3-13　西井峪村石街（来源：王伟 摄）

图5-3-14　西井峪村石砌合院（来源：王伟 摄）

二、公共建筑

在天津市境内各区中，蓟州区无疑是历史文化积淀最深厚的一个。历代先民根据其物质生活及精神生活需求，营建了大量的公共建筑，其中包括有隋唐时期的独乐寺、千像寺，辽代白塔、福山塔，明清时期的鼓楼、鲁班庙、长城、静寄山庄等，有寺庙、佛塔、军事、行宫等类型，这些建筑文化遗产都是蓟州区的山水文化、宗教文化、皇家文化、民俗文化、运河文化得以传承的最直接表现。

（一）佛寺建筑

自魏晋时期佛教在蓟州开始兴盛，带动了寺院的大量兴建，这时期兴建了盘山的感化寺、法兴寺；隋唐时期，佛教开始盛行，蓟州古城内著名的独乐寺、白塔和广福寺，及盘山的千像寺、感化寺、上方寺、云罩寺、天成寺、金山寺、天香寺、定光佛舍利塔、天成寺舍利塔等均创建于此时。至明清时期盘山已被誉为"京东第一山"，建有72座寺庙(图5-3-15~图5-3-19)，这些佛寺院落均依山就势，高低错落的分布于山林之间，形成以砖木结构为主，石材点缀的亭、台、楼、阁、轩、榭、宫、殿、廊、厅、斋等佛寺院落。佛寺建筑均以体量较大的大殿为中心，形成轴线对称、层次分明、布局严谨的多进院落形式，又配有园林建筑的灵

活多变、模仿自然、曲径通幽等特点。这种格局特点构成了蓟州盘山寺院典雅庄重的庙堂气氛和自然情趣的意境氛围。后历经战乱洗礼，盘山现保存较好的寺庙数量已不多。

除了盘山，蓟州古城内也保留了很多佛寺建筑，特别是我国至今保存最完整的古寺之一——独乐寺。独乐寺有我国

图5-3-16　1918年拍摄万松寺（来源：《盘山志》）

图5-3-17　1918年拍摄少林寺（来源：《盘山志》）

图5-3-18　1918年拍摄云罩寺（来源：《盘山志》）

图5-3-15　盘山图（来源：《蓟县志》，民国33年（1944年））

图5-3-19　天成寺正殿（来源：王伟 摄）

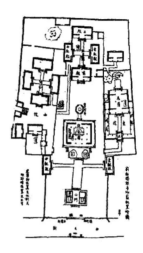

图5-3-20　梁思成手绘独乐寺平面图（来源：《清代蓟州皇家胜迹》）

现存最早的庑殿顶山门，出檐深远，构造精巧，虽是辽代重建，但颇具大唐建筑风范。屋顶正脊两端神兽为我国保存较好、年代最早的鸱吻。穿过山门，则为气势恢宏的观音阁，通高23米，为我国现存最早的木构楼阁。内部中空，置我国现存最高彩色泥塑站像——十一面观世音菩萨。

1. 建筑形式

图5-3-21　独乐寺山门（来源：陈孝忠 摄）

　　独乐寺全寺共分东、中、西三部分，总体采用辽代"前阁后殿"的布局形式，西为僧房、东为行宫，中部为寺庙的核心部分，依次为山门、观音阁、东西配殿等，布局既严谨又自由灵活（图5-3-20）。其中，山门和观音阁是研究中国古代木结构建筑的代表作。山门为庑殿顶，面阔三间，进深两间，柱网横四竖三排列，为"分心斗底槽"做法。柱网与梁架间施斗栱，在转角斗栱外出正面的第三跳，出现斜栱作法，此为中国现存木结构建筑中使用斜栱的最早实例。内部梁架作"彻上明造"（图5-3-21）。观音阁为歇山顶，是一座三层木构楼阁，其中第二层为结构暗层，暗层外建造回转平台，可供礼佛和远眺。外观为上下两层，面阔五间，进深四间，整个建筑根据不同需要，灵活多变的组合形成了24种不同的斗栱榫接，使建筑呈现出庄严凝重、气宇轩昂的气势（图5-3-22）。

图5-3-22　独乐寺观音阁（来源：陈孝忠 摄）

2. 建筑艺术

独乐寺造型独特，屋面曲缓相宜，檐椽伸出深远，檐角起翘如飞。其中，山门正脊两侧的鸱吻，龙首鱼尾，张嘴吞脊，长尾翘转内向，造型古朴，雕刻生动，寓意深刻。而观音阁和前殿等建筑内更是随处可见雕刻精美的石雕、砖雕、木雕构建，也有造型多样的彩绘壁画，至今色泽鲜艳，活灵活现（图5-3-23、图5-3-24）。

3. 建筑技术

独乐寺观音阁是一座高达20多米的高层楼阁建筑，经历多次地震后依然完好，其建筑构造及抗震性具有超前的科学价值。整个观音阁用材及尺度得当，结构本身不过重，致使整个梁架和屋顶都不会受水平推力的破坏。且观音阁采用了内外两层的配置方式，共使用了28根木质立柱，外檐柱十八，内檐柱十，作横六竖五排列，整个柱网布局严整，有利于防止水平推力的破坏。观音阁三层梁柱均采用双层圈柱，柱子纵横方向均有斗栱、梁枋拉连，形成内外两层框架，这种套框式梁柱结构有利于阻止水平推力和扭曲应力的冲击。不仅如此，观音阁暗层还增加了斜戗柱，这些都证明了观音阁的建筑技术在当时为尖端的设计手法，时至今日也是无可替代的宝贵经验（图5-3-25、图5-3-26）。

图5-3-23 独乐寺前殿屋脊砖雕（来源：陈孝忠 摄）

图5-3-24 独乐寺观音阁石雕柱础（来源：陈孝忠 摄）

图5-3-25 观音阁阁内斗栱（来源：陈孝忠 摄）

图5-3-26 观音阁二层结构（来源：陈孝忠 摄）

（二）佛塔建筑

自隋唐佛教传入蓟州，佛塔作为寺庙的重要组成部分不断兴建。古时盘山就建造了13座玲珑宝塔、古城内的辽代白塔和五百户镇福山之顶的福山塔等多座古塔，这些塔修建年代久远，外檐多用砖刻贴面装饰，建筑形式有密檐式、楼阁式、覆钵式及复合式，形式多样。历经千年的风吹日晒和战乱的洗礼，现保存较好的古塔有福山塔、白塔、定光佛舍利塔、天成寺舍利塔、多宝佛塔等；墓塔有万松寺普照禅师塔、黑石崖和尚塔、万松寺太平禅师塔、古中盘和尚塔林等。这些佛塔对研究我国古塔的发展历程及燕蓟地区佛教文化发展具有重要意义。

1. 白塔

白塔位于独乐寺南约380米，始建于辽清宁四年（1058年），明嘉靖年重修。此塔为复合型塔，由弥座、塔身、覆钵、十三天相轮和塔刹组成，是印度窣堵波和中国楼阁式建筑相结合的仿木结构砖塔。塔平面八角形，下为砖石垒砌的素台，上为须弥座，束腰两重，转角外施角钟，每面壸门三个，内雕伎乐人物，高髻、长裙、赤足、彩带。塔身八角亭式，四面影作假门，另四面刻偈语，转角处砌砖雕幢形倚柱。1983年修缮时拆除第一层塔身以上震损部分，发现里面有被包砌的辽塔原建筑，包括覆钵及上面的塔刹基座，覆钵周饰砖雕垂鱼。刹座八角形，东西南北四面镶狞羊、奔狮等砖雕。覆钵内出土辽清宁四年（1058）石函、铜佛、水晶、玛瑙等珍贵文物一百多件（图5-3-27~图5-3-30）。

辽代砖塔形制一般分为密檐式塔、楼阁式塔、单檐式塔、花塔及复合式塔，目前复合式塔确定的仅有两例，其中蓟州白塔是仅存的单檐式塔与覆钵塔结合的孤例，是研究辽塔形制演变的珍贵实物例证。同时，白塔在设计之初就与独乐寺保持了一定的轴线和视线关系（图5-3-31），构成了"百尺为形，千尺为势"的空间组织关系，这是值得现代城市规划及设计学习的。

图5-3-27　蓟州白塔（来源：冯科锐 摄）

图5-3-28　上部覆钵（来源：冯科锐 摄）

图5-3-29　白塔基座细节（来源：冯科锐 摄）

图5-3-30　壶门伎乐（来源：冯科锐 摄）

图5-3-31　白塔与独乐寺关系（来源：陈孝忠 摄）

2. 天成寺舍利塔

天成寺舍利塔位于蓟州区盘山天成寺大殿西侧，为八角密檐十三级砖塔，高22.9米，通体淡黄色，用沟纹砖垒砌，建在石砌台基上。台基两层，下层正方形，上层八角形。台基上建八角形束腰须弥座，全部由石条层层垒砌，为明代改砌，高2.8米。束腰处无雕砖，每面隔板两块，中间用宝瓶相隔，转角立柱。束腰上出平台，台上砌出仰莲三层，承托八角亭式塔身。塔身八面均有仿木作雕刻。南面开门，可进入塔室。东西北三面皆是砖雕假门，砌出门楣、抱框、门簪等仿木构造。门为四抹隔扇，格心式样有斜方格纹和连环纹，素裙板。余四面雕斜方格纹方窗，窗外加笼形格子。倚柱作八角形的一半。墙面起凹，砌出阑额和平板枋。各转角出五铺作斗栱一朵，单抄单下昂。中间施补间斗栱一朵，出斜栱。以承托高大的十三层密檐。檐叠涩，檐缘出凹，出檐逐层递减，轮廓略呈卷杀（图5-3-32～图5-3-36）。天成寺舍利塔是盘山古塔中规模最大的一座佛塔，具有辽代密檐塔

图5-3-32　天成寺舍利塔（来源：冯科锐 摄）

图5-3-33　八角形束腰须弥座（来源：冯科锐 摄）

图5-3-34　十三层密檐（来源：冯科锐 摄）

图5-3-35　砖雕假门（来源：冯科锐 摄）

图5-3-36　八角形石基（来源：冯科锐 摄）

的风格和特点，是辽代佛塔文化在蓟州传播的重要实物例证。

（三）祠庙建筑

蓟州是一座千年古城，民间信仰丰富，原古城不仅有形制完备的文庙、武庙，也有其他地方少有的鲁班庙、天仙宫及朝阳庵等祠庙。这些庙宇大多轴线对称，层次分明，按照等级制度进行建设，既有民间小式做法，也有完全按照清代官式做法营建。如蓟州区的鲁班庙是现存内地唯一一家祀奉

"百工祖师"鲁班先师且体例完整的庙宇，由山门、大殿、东西配殿组成。鲁班庙始建年代不详，现保存建筑为清光绪三年（1877年）重建，是完全按照清代官式做法营建，从梁柱的比例到门窗的纹样，从旋子彩画的图案到抱鼓石的安放，都进行了用料考究。整个建筑群形制严谨，做工细致，彩绘考究。其中，大殿前出廊用六檩，顶作九脊歇山式，并以绿色琉璃瓦为装饰，木构采用当时修建清东陵时皇家专用的珍贵木材铁糙木，斗栱采用只有在官式大木作建筑中才允许出现的式样，这些都已突破了当时对民间建筑所规定的形

图5-3-37 鲁班庙大殿（来源：王伟 摄）

图5-3-38 朝阳庵正殿（来源：王伟 摄）

制，可谓别具匠心（图5-3-37）。

朝阳庵，也称"石梁殿"，是民间做法的典型代表。从现仅存的大殿中可以看出朝阳庵别具一格的采用了石梁、石柱作为整个建筑的骨架，这种做法是对传统建筑木构做法的一种突破，也是对当地建筑材料的有效应用（图5-3-38）。

（四）军事设施

蓟州因其特殊的地理位置，自古便是兵家必争的军事重

地。为防止突厥进犯，隋朝开始修筑长城，至明朝设卫，于明洪武、永乐时期大规模修建与军事相关的设施，蓟州长城就在此时修筑。整个防御体系的构成包括与军事防御功能相关的边墙、传烽、营城堡、关隘、堡寨、驿站等人工修建的防御工事和具有天险的自然山形、水势，以此保证明朝军事地位，并开辟北边疆土，以屯兵屯田。

蓟州区境内长城总长度为41公里，东与马兰峪长城连接，西与将军关长城连接，依山就势，横跨泃河，山高城险，水清树绿。蓟州区古长城墙体分砖质和石质两种，其中以当地石材墙体居多，包括有垛口、女墙、瞭望口、射口、暗门等。除墙体外，另有敌台85座、寨堡9座、烽火台4座、火池15座、烟灶40座、居住址41座、水窖11座、水井3口、坝台1处和1座关城。黄崖关关城是境内唯一一座关城，关城之内，又设营寨，有"一夫当关，万夫莫开"之势（图5-3-39～图5-3-42）。关城占地约四万平方米，南北最长处270米，东西最宽处200百米，城墙周长890米。整个建筑群布局奇特，依山傍水，东低西高的地形上层层设防，由西北按顺时针分为"乾、坎、艮、震、巽、离、坤、兑"八个卦区，各成一个院落，内设"三关""九门"，在万里长城线上罕见。建筑单体基本采用中国传统建筑小式做法，多为砖木结构，采用卷棚硬山式筒瓦屋面及硬山青板瓦屋面，墙体青砖对缝，做工精细。纵横交错四十余条街道网络，有"丁"字形的，有"回"字形的，有的平行交错，有的似通非通，步入其中，如入迷津，是长城沿线唯一一处别出心裁的古代军事防御建筑。

（五）谒陵行宫

蓟州正好处于拜谒东陵的御道上，为了给皇帝修建休憩、住宿的场所，便于蓟州修建行宫、坐落，由此皇家文化对蓟州的城市建设带来了新的发展方向。其中，乾隆皇帝在蓟州区境内就建造了五处行宫，即山行宫（静寄山庄）、白涧行宫、桃花寺行宫、隆福寺行宫、独乐寺行宫，现只有独乐寺行宫保存完好（图5-3-43～图5-3-45）。另有，天成寺、少林寺、上方寺、古中盘、云罩寺、盘谷寺、东竺庵、

图5-3-39　长城石砌墩台（来源：张猛 摄）

图5-3-40　黄崖关关城（来源：《蓟县文物志》）

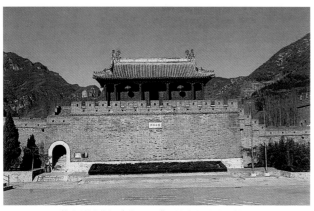

图5-3-41　黄崖关城北门（来源：《天津文化遗产保护成果系列之一天津考古（一）》）

图5-3-42　黄崖关城东南角楼（来源：《天津文化遗产保护成果系列之一天津考古（一）》）

万松寺、法藏寺、青峰寺、天香寺、云净寺、东甘涧、西甘涧、双峰寺等处各设座落，以备巡幸憩息之所。

1. 建筑形式

蓟州区境内的行宫及座落分布较多，行宫主要是提供沿途皇室休息的场所，所以多分布于环境秀美之处，交通便捷，与寺庙相毗邻，以沿途通经超度。建筑布局多依据地形，与环境相结合，形成错落有致的建筑形式和建筑布局方式。其中，位于盘山上的座落，主要为游乐办公的场所，所以这些座落大多设于寺庙的东侧，大小不一，多因环境、山势而建，与寺庙最大区别就是寺庙围墙多为抹灰红墙，而座落围墙则为黄石墙。如位于蓟州古城西北盘山南麓的静寄山庄，为乾隆皇帝仿效承德避暑山庄而建，规模为其十分之三，建筑形式大多采用普通的清官式小式做法，多以长方形平面的硬山卷棚单层建筑为主，级别较高的主殿则采用歇山卷棚，但个别地段例外，有悬山卷棚、二卷或三卷勾连搭屋顶形式。纵观静寄山庄的整个建筑布局、建筑形式、建筑功能、建筑级别与建筑位置，均是依据周边山水环境、造景需求等进行选择和建设的，形成了灵活多变的建筑实体和院落空间组合关系（图5-3-46）。

2. 景观艺术

中国自古对造园都有自己独特的一套设计手法，无论怎样的山水环境，都可以因地制宜地进行选址和造景，从功

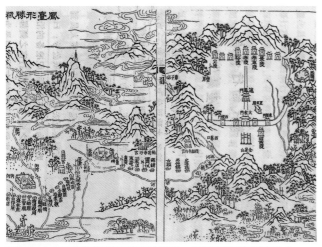

图5-3-43　谒陵路线及行宫分布（来源：《清代蓟州皇家胜迹》）

图5-3-46　行宫全图（来源：《钦定盘山志》）

图5-3-44　桃花寺行宫遗址（来源：《第三次全国文物普查不可移动文物登记表》，刘福宁 摄）

图5-3-45　独乐寺行宫（来源：王伟 摄）

能、场所到意境都能有条理、有主次地进行建设。这种手法在行宫建设中也常有应用，蓟州区的静寄山庄从选址到局部设计都很好地运用了造园景观艺术，利用盘山雄秀兼具的自然环境，使得静寄山庄成为谒陵道路上唯一一处兼具御苑风格特点的行宫，其景观艺术无可替代。

静寄山庄是乾隆年间耗时十年修建而成的行宫御苑，在行宫选址方面，以盘山的自然景观为背景，山庄"居山之午方，前冈如屏，后嶂如扆。自玉石庄逶迤东达于缭垣之南，垣垒以文石，周遭十余里，随山径高下为纡直，涧泉数道流垣内，山下设闸，以时启闭"[①]，采用拟意、拟画等手法，使建筑有藏有露，相互借景，相互补充。行宫列前，背倚低山，寺庙列后，选址于山腰，形成"宫、庙、苑"相融合的景观艺术格局，由此出现了静寄山庄内八景、外八景和新六景，后又增加十六景。静寄山庄不论是山水环境选址还是景点组织营造，都具有极高的园林艺术价值，是清代天然山水园林的杰出代表（图5-3-47）。

---

① 于敏中等.《日下旧闻考》卷一百十五. 清乾隆年间.

图5-3-47　静寄山庄外景（来源：《盘山志》）

图5-3-48　静寄山庄支摘窗老照片（来源：《境惟幽绝尘，心以静堪寄——清代皇家行宫园林静寄山庄研究》，朱蕾）

图5-4-1　张家大院门楼

图5-4-2　张家大院门楼博缝头（来源：张猛 摄）

3. 建筑艺术

静寄山庄建筑以朴实、自然为主，多数为"小式"，极少数为"大式"风格，建筑装饰崇尚朴素，采用槛墙、支摘窗（图5-3-48）、隔扇普通的做法，开敞的建筑则使用罩、横楣坐凳等。如很多楼阁就采用歇山、攒尖屋顶形式，为满足登眺的需要，四周环以隔扇窗。在材质上，以当地的建筑石材为原材料，从建筑墙体、行宫围墙、堆山叠石等都是附近的黄石、石灰岩、花岗岩材料，从而呈现出天然的建筑特色。在布局设计上，将北方四合院的布局形式与南方造园手法相融合，具有南北融合的建筑风格。

第四节　建筑元素与装饰

建筑装饰是古建筑的重要组成部分，其题材根据建筑的功能不同而不同，一般做工极其精良。蓟州为千年古县，历史文化积淀深厚，建筑的装饰文化更是源远流长。境内的独

乐寺有隋唐的建筑装饰元素及彩绘风格特点，盘山上的寺庙和佛塔则呈现出不同的文化装饰风格特点，而鲁班庙则为典型的清代官式建筑装饰特点等，这些都展示了蓟州县文化的多元和建筑装饰的多元。

一、雕刻艺术

蓟州区境内的雕刻艺术仍以砖雕、石雕及木雕艺术为主，尤以砖雕和石雕而闻名。民居建筑中以张家大院门楼上精美的砖雕图案为代表，图案为我国古代福、禄、寿、梅、兰、竹、菊等，对扇大门（图5-4-1、图5-4-2）。每进院落北端正中出入口均建有悬山门楼，四座悬山门楼形态各异，门内侧上方画有山水形图案，并写有和、中等字样，有着较高的艺术价值。公共建筑中以佛塔的砖雕艺术最为精

图5-4-3　白塔角神（来源：冯科锐 摄）

图5-4-4　白塔西南面碑及角柱（来源：冯科锐 摄）

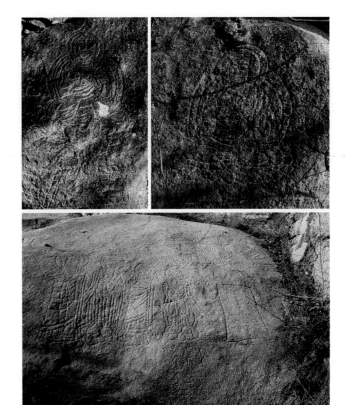

图5-4-5　千像寺石刻造像（来源：张猛 摄）

美，蓟州白塔、天成寺舍利塔均具有早期辽塔的雕刻风格，其做法是先在砖坯上雕塑，制模后入窑烧造，出炉后稍作加工而成。现以白塔为例，其须弥座雕饰繁复华丽，束腰部分做壶门，每面三个，内嵌女伎乐，乐伎手持琵琶、筝、笙、笛、拍板、方响、毛圆鼓等乐器共同协奏，具有典型的唐代舞乐场面。壶门间宝瓶镶嵌于壶门之间，雕刻海石榴和牡丹两种花卉。塔身转角处的角柱风格明朗，层次清晰。平座斗栱为每面施补间铺作两朵的制作方式，是辽塔相对统一和成熟的做法，为辽代砖雕的上品（图5-4-3、图5-4-4）。与此同时，位于盘山处的千像寺石刻造像的雕刻技法与风格则表现出一种独特的民间传统工艺风韵，具有浓郁的蓟州地方特色（图5-4-5）。千像寺石刻造像皆以线刻，笔法粗犷、凝练，风格自然、朴素，手法灵活多变，是迄今发现的最大规模的辽代线刻造像群，是民间传统线刻技法的重要实物资料。

二、地域元素

蓟州区境内多山多水，因此传统古建筑受自然环境和气候的影响，出现了很多属于蓟州区本地的建筑元素。如为适应蓟州四季分明、温差较大的气候特征，蓟州区民居建筑中多在屋内加入灶台和土炕设计，为了便于将烟尘排出屋外，屋顶继而设置烟囱，烟囱一半在墙内一半凸出屋顶，不仅把冬季的御寒取暖设计在内，还考虑了夏季通风避雨。烟囱造型各式各样，雕刻精美，造型上别具特色（图5-4-6）。同时，因当地盛产石材，考虑材料的运输和建筑的持久耐用，当地人将石材应用到各类建筑中，有西井峪村石头房，有朝阳庵别具一格的石柱、石梁（图5-4-7、图5-4-8），也有长城石头敌台、墙体的建设等，这些都是蓟州区传统建筑最具代表性的地域元素。

图5-4-6 张家大院烟囱（来源：张猛 摄）

图5-4-7 朝阳庵屋内梁架（来源：王伟 摄）

图5-4-8 朝阳庵屋外石柱（来源：王伟 摄）

第五节 蓟州地区传统建筑风格总结

蓟州区是天津唯一的半山城市，"山"、"水"文化是最直接影响蓟州城市建设的溯因，境内的山水格局决定了城市及传统建筑在选址、设计、建造上都需要重点考虑周围的自然环境，所以蓟州传统建筑中的寺庙、佛塔、行宫及传统村落、民居等均是巧借周边山水环境进行建设的成功案例。正如《园冶》中所提倡的"巧于因借，精在体宜"，以曾经辉煌一时的盘山72座佛教建筑及静寄山庄为代表，在建筑布局、空间组合、立面造型、意境营造等方面都可以看出蓟州传统建筑依山就势的风格特点。

唐辽文化的积淀促使了蓟州传统建筑明显的唐辽风格特征的形成。目前唐辽建筑保存较完整的是佛寺建筑，现保存较好的有独乐寺、白塔、福山塔、天成寺舍利塔、千像寺等，经分析这些辽代建筑沿袭了唐代的建筑风格，注重建筑群的空间层次感，出檐深远、斗栱雄伟；建筑装修采用高大雄伟的建筑构架；布局注重塔的建造和中心感，楼阁建筑常至于殿前，特色十分明显。

建筑材料决定了蓟州区的传统建筑形式，在建造时，为了使建筑坚固、保存时间久，故建筑从地基处理、梁架结构、柱网、墙体等都采用石材。这是蓟州区最具代表性和最值得传承的本土建筑风格特征。

同时，蓟州区邻近京、冀，皇家文化、地缘文化对当地建筑具有一定的影响，建筑风格、构造及细部上有很多相似之处。蓟州区民居建筑、公共建筑中既有严格按照《工部工程做法则例》标准化、定型化的清代皇家官式建筑风格特点，有满族民居建筑中的外屋火炕锅台御寒设计，又有冀北地区的木构架做法。加之，明代军事地位的提升及清朝东陵的修建，使得蓟州区的社会地位不断提高，畅通的蓟运河也为蓟州区带来了大量的外来人口和外来建筑文化，使蓟州区的建筑风格更加多样，南北互融。

第六章　天津古建筑、民居空间与装饰文化特色解析

　　天津腹地广阔、地势平坦，借助海河、运河及渤海的水路交通和码头贸易优势，迅速吸引了大量的商贾大贾、文人墨客、贫民工匠等来津定居，而后天津城市发展迅速，规模不断扩大。居住、商业、祠庙、宗教、文娱、交通、军事等建设也日趋完备，有雕刻精美的砖木古建筑，有典雅朴素的天津四合套。同时，五方杂处的人口特性，给原天津传统建筑增添了很多外地的建筑元素，促使天津传统建筑出现北方的布局特点，南方、西方的建筑做法，粗犷中又有细腻，大气中又有精致。正如天津的木雕和部分装饰，是将北方的手法与南方的先进技术集合的产物，也是天津文化兼容并蓄的特性在建筑艺术文化上的体现，是历史文化传承过程中所保留下来的一笔宝贵财富。

第一节　地域环境影响下的建筑风格

一、天津"四合套"的建筑特色、空间解析

天津除了异国风情的小洋楼外，还有颇具特色的天津民居。随着600多年历史的积淀，天津结合当地的自然环境、功能需求，在布局、结构、装饰上，以北方常见的四合院或三合院为基本单位进行再创造，形成颇具天津地方特色的民居院落。最早的民居聚集点是沿重要的交通线路进行分布建设，老城厢和杨柳青地区的居住聚落最早都是沿运河两侧建设，而远郊的蓟州区则沿皇家驿道分布，建造精美，各具特色。

因四季分明的自然环境和当时建造技术、经济水平等因素的影响，天津的民居择地建宅比较自由，建筑多以形态封闭的木结构庭院式独户住宅为主，即"四合套"建造。这种传统民居建筑通常以正房为核心，轴线对称，小型院落纵向发展，大型院落除了纵向外，还横向形成跨越。在建造时通常为条石墙基、青砖墙面、阴阳瓦顶，建造磨砖对缝，并饰以精美的砖石木雕，造型古朴典雅。"四合套"建筑形制特点接近北京的四合院，但在建筑方法上又有南方的穿斗结构与"四水归堂"，体现了天津民居建筑的包容性特点；建筑布局上富商为了显示地位和身份，建起一道接一道的跨院，布局错落有致，趋于自由化、多样化，如门楼在各个方位都有开设，并不只是八卦方位中的巽位；建筑风格上豪门大院多精美奢华，普通民宅则厚重古朴，均注重砖、石、木雕装饰，并随处可见南北交辉、中西合璧的建筑风格特点；建筑单体设计上与传统四合院做法的不同处有：明间大于次间，次间大于梢间，正房两侧耳房前檐退后，建筑多避繁就简。天津"四合套"的这些特点，都是当地人经过长期的实践和创新总结出的适合天津自然与人文环境的民居建筑特征，是中国传统民居建筑的重要组成部分。

二、独特的穿堂式院落空间

经过中间堂屋进入各个院落的形式，被人们称为"穿堂式院落"。这种院落空间组织是天津传统建筑中另一种重要的交通组织方式，与北京串联式的四合院交通体系比较类似，但又具有天津本地特色。这种穿堂式院落主要分布于蓟州、宁河、汉沽及周边村镇等地，原主要为人丁兴旺、家庭富有的大户人家所有，所以是多进院落特有的空间形式。在建筑布局上至少要有2～3进的"穿堂式"院落，多个跨院组成的大院则不仅有穿堂式的纵向空间，还有各个院落之间横向的交通空间，从而内部形成一个巨大的棋盘式交通网，从一进院落到下一进院落十分便捷，这是天津的大中型四合院普遍具备的串联式和并联式两种内部交通体系。而"穿堂屋"一般两侧不住人，作为客厅使用，也有两侧均有人居住的院落，这与户主的财力有关。如蓟州区境内的张家大院，是由四个并列的四合院组成，每个院落有三进正房，六座厢房，南北两个门楼和中间穿堂组成。

三、地方材料的使用和地域风格符号

天津地处华北平原北部，海河下游，东临渤海，北依燕山，自然资源丰富，地质构造复杂。其中，蓟州区的山地丘陵区是天津的木材、矿产和建筑材料主产区，特别是建筑中常用的石灰岩、大理石、页岩等石材，石作墙体、石基、铺装、窗间短柱、石质梁架等都是对当地材料最具代表性的应用。而普通砖木结构的民居建筑在材料选择上，很多只对原材料进行简单加工，木有弯曲也可以使用，这样既坚固，又省料；为抵御寒冷，建筑屋顶常采用秫秸秆抹灰，这与清代官式裱糊顶棚有所差异，秫秸秆龙骨与金枋底平面相平，不漏梁头；经济条件较差的农村也常出现土木结构的民宅，以生土加工作为墙体，梁架以杂木做支柱、屋檩，用秫秆、苇草加泥作为屋面和围护结构（图6-1-1、图6-1-2）。

同时，天津地势以平原和洼地为主，北部有低山丘陵，海拔由北向南依次降低，至东南部海拔仅有3.5米，且境内水系发达，水质碱性较大，而早期城市营建大多沿海河、运河等河流两岸进行建设，当地人为了防止墙体下边由于地下水毛细现象上升，而导致室内湿度增加和墙体风化破坏，

图6-1-1　民居墙体围护示意（来源：刘铧文 摄）

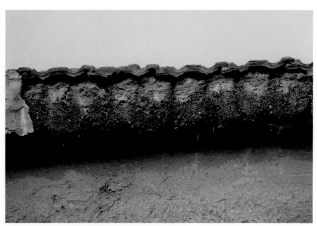

图6-1-2　民居屋顶秸秆加泥做屋面（来源：刘铧文 摄）

对墙体进行了防潮防碱处理，这是天津传统建筑中的一大亮点。在明清时期，天津就有"隔碱"做法，在离地面约30厘米～50厘米高处，用宽约2厘米～3厘米的一层青灰层，或用宽约5厘米～8厘米厚的苇秆(或秫秸、柳条、柏木等木材)作隔碱措施，特别是杨柳青传统建筑中的加碱木防潮措施，是对当地建筑材料应用到极致的典型做法。这种就地取材的建筑形式、建筑技术一直广为流传，也遍及天津各地。

第二节　传统建筑的空间组合特色

一、传统戏台建筑的空间组合特色

天津的曲艺和评书一直经久不衰且闻名全国，表演方式从最早的划地为场，到后来入场表演，逐渐形成规模和地方特色。曲苑文化具有十分鲜明的市民文化特点，人聚集的地方便有观演需求，因此最早戏曲是伴随着宗教活动出现的，而戏台便成为庙会、皇会及酬神戏曲演出聚集人气的重要场所之一，而后演变成天津的传统建筑中建设宏大、精致的戏台空间，这成为天津传统建筑群的重要组成部分。

元泰定三年在天津三岔河口修建的天后宫，在明代加建了戏台，前后台相连，上是戏台，下为通衢（图6-2-1）。

后城隍庙也附设戏台，前为戏台，后为戏房，可三面看戏。这些戏台因具有一定的公共性，所以大多以木结构楼台式为主，三面敞开，台下为广场，不设观众席。到了清朝中叶，天津成为北方重要的经济中心，人口猛增，商业繁荣，由此衍生出商业性会馆、茶园也修建戏台，甚至一些富商、官僚、乡绅在其宅院、祠堂、家庙内修建戏楼、戏台。这时的戏台已开始置于室内，并设置观众席。以会馆为例，当时的广东会馆、闽粤会馆、江西会馆、江苏会馆、怀庆会馆、浙绍乡祠等均建有室内戏台，形式为伸出式，观众可从三面看戏，台下为散座，楼上为包厢。戏台风格则融入了各地的建筑元素，设计精巧，装饰讲究。而民居中戏楼设计尤以清同治年间修建的石家大院戏楼最为讲究，戏楼由三组厅堂组成，中间为观众厅与戏台，上围有回廊，顶有罩棚，厅堂柱通高两层楼，外廊柱高一层，内廊柱高出部分安装玻璃窗，以供采光。戏楼的建筑形式因功能不同而分为高低两部分，低部分的屋顶形式为"勾连搭"式，高部分的屋顶形式为略呈弧形的木质平顶，高低错落的空间形式，使整个戏楼内部空间充满变化。建筑色彩以黑色、红色为主，结构以抬梁式砖木结构为主，并对音效、采光、通风、纳凉、取暖等进行了设计。石家大院戏楼是我国保存最为完好、规模最大的民居封闭式戏楼，是我国传统结构设计的瑰宝（图6-2-2）。

图6-2-1　天后宫戏台（来源：王伟 摄）

图6-2-2　石家大院戏楼（来源：王伟 摄）

二、箭道空间的组合特色

对天津的传统建筑进行研究，可以明显发现，大量的建筑群中有一个联系各个院落的垂直交通空间，即所谓的"箭道"空间。箭道是天津大中型四合套院将北方传统四合院建筑与南方里弄住宅的交通方式相融合而产生的、具有串联式和并联式两种交通体系的建筑群内部通道，类似于南方民居建筑的"备弄"空间，兼具紧急疏散功能，这与传统四合院不同，具有明显的天津地方特色，各民居大院、会馆等建筑中均有体现（图6-2-3、图6-2-4）。

箭道一般设于各组院落之间或院落和院墙之间，纵向贯穿于整个宅院。因此，一般进入一座建筑群，先进正门，后进入箭道，再进入各个院落，也有一些建筑群在箭道两端开设门楼，以作为院落对外的辅助入口。同时，箭道两侧院落根据功能不同，需求不同而向箭道处开设便门，可以通过箭道进入任一院落，使各个院落既相互之间独立，互不干扰，又存在联系。为了给狭长的箭道空间增添层次感，通道中常设灵活多变的垂花门，杨柳青石家大院和董家大院（原中轴线有一砖雕垂花门，后被毁）就是典型例子。也有式样简单，类似于园林中的院门，如仓廒街徐家大院箭道中的"书卷门""圆月门""八角门"等形式。总之，箭道空间的引入，改变了传统多进院落的交通组织方式，是区别于北方四合院最大的特点，是天津传统建筑群区别于其他城市历史建筑的一大特色，这样可以使宅院内部交通更加灵活，做到主仆分流、内外分流及为家庭变更而引起的产权变动留有余地。

第三节　建筑装饰文化特色

建筑装饰一直是中国传统建筑的一个重要现象和基本特征，是传统文化和社会民俗民风等艺术因素相结合的物质载体。天津传统建筑装饰也源于天津民俗文化的大众化和装饰艺术的追崇化，特别是木装修、砖木石雕刻和油漆彩绘等的装饰文化，可谓天津技术工艺和文化艺术之最。

一、木装修

木装修即为建筑中的"小木作"，主要分外檐和内檐装修，其中外檐装修包括门、窗、栏杆和匾额等，内檐装修则包括室内隔断、天花板和藻井等部位的装修。木装修制作要求精细，且具备一定的装饰效果，特别是外檐门、窗、栏杆造型多样，图案简洁，具有明显的地方特色。

（一）门

门的式样主要有板门、隔扇门和屏门。板门主要用于寺庙、府邸和大院民居中，如天后宫、大悲院、清真大寺大门等，多为清代制作，前檐下砌砖墙，中开券门，券上雕砖花，内置双扇板门（图6-3-1）；隔扇门位于院内，多开于前檐明间柱间，庙宇建筑的次间、梢间和后檐明间柱间及厅堂建筑前后各间，做法讲究，木雕图案考究；屏门主要起装饰作用，设于门厅后金柱间，现保存较好的屏门为广东会馆门厅内（图6-3-2）和石家大院戏楼垂花门后檐柱间，镶雕花木板隔扇，平时为关闭状态，遇大事才开启。

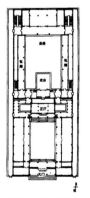

图6-2-3　广东会馆平面图（来源：《中国古代建筑史·清代建筑》）

图6-2-4　安徽会馆及附设昭忠祠平面图（来源：《天津百年老街一中山路》）

图6-3-1　大悲院天王殿板门（来源：《天津历史风貌建筑·公共建筑卷一》）

图6-3-2　广东会馆屏门（来源：王伟 摄）

（二）窗

窗的形式较多，有用于寺庙建筑中的大槛窗，墙上铺榻板，风槛承窗扇，水平开启，形式庄重，利于采光；支摘窗多在民居中常见，上部可以支起，下部可以摘下，窗棂大多用横竖棂子构成各种图案，形式简洁大方；横披窗多用于庙宇、楼阁及高大的民居厅堂和正房处，窗多为扁长方形，多置于厅堂宽敞高爽处，以利采光通风；直棂窗则是一种古老的窗子形式，天津仅黄崖关民居可见，形式简单，秩序感强；多棂窗形式较多，有六角形、八角形木窗，多用于寺庙和民居建筑，如天津清真大寺礼拜殿，窗棂有冰裂纹、菱花等图案。

（三）栏杆

栏杆是建筑中起围护的安全设施，同时在古建筑中还具有重要的装饰作用，一般多位于楼阁建筑中，建筑形式上既有中国传统的镂空雕花样式，也有加入西方柱式元素的中西合璧的独特样式。如独乐寺观音阁上层的外廊，具有辽代栏杆风格，上设置寻杖、云拱、撮顶、盆唇、华板及地栿等构件，造型优美，色彩高雅，独具特色（图6-3-3、图6-3-4）。玉皇阁和天尊阁现保留有清式风格栏杆，石家大院、广东会馆、清真大寺等设置可小憩的连廊式回廊。

二、砖木石雕刻

砖雕与木雕、石雕并称为建筑装饰艺术中的"三雕"，而天津地区以蓟州区、杨柳青和老城厢传统建筑中的寺庙、佛塔、会馆、祠庙及民居为代表的砖木石雕，其题材丰富、做工精良。这些雕刻在建筑中处处可见，既有一定结构功能的部件，也有仅为装饰的部件，是传统建筑中除了彩饰外，可以突显社会地位、财富实力、精神文化等重要的物质载体。其中砖雕通常装饰在建筑的门楼、影壁、正房、厢房墀头、搏缝、屋脊、檐口等部位，木雕常装饰在建筑的垂花门、外檐雀替、额枋、花板、花牙、门窗及内饰隔扇、花罩、屏风等部位，石雕常装饰在建筑的抱鼓石、柱础、墙基石板等部位，常有"亭台楼阁""五福捧寿""凤戏牡丹""丹凤朝阳""花卉博古"等图案。天津砖雕、木雕、石雕是建筑史装饰文化的重要组成部分，是集中反映传统建筑和民间手工艺的实物见证。

天津传统民居中的雕刻艺术主要受封建等级、规格的限制，富商大贾们建的豪宅不能像王公贵族的府邸一样金碧辉煌、红砖绿瓦，所以天津出现了雕刻数目众多的民居大院，雕刻题材十分丰富，可遍布于四合院的各个角落，如蝙蝠、松鼠、猴子、喜鹊、牡丹、莲子、桃子、柿子、石榴、葡萄、祥云等来传达多福多寿、子孙万代、多禄多财、驱邪镇宅等的美好愿望。特别是具备传统民居建筑所有要素、构

图6-3-3　观音阁栏杆结构（来源：《蓟县独乐寺》）

图6-3-4　观音阁宝瓶栏柱（来源：《蓟县独乐寺》）

件、手法集锦的垂花门，是古建筑传统技术宝库中的重要内容，具有很强的装饰要求。垂花门有精巧灵动的木构件、别致典雅的砖构件及庄重大方的石构件，其自上而下的瓦当、椽头、门枋、花板、雀替、垂花柱、中间的彩绘图案、门下

的抱鼓石、台阶等有机组成了构图完美、富丽华贵的垂花门，特别是石家大院的变化丰富的三道垂花门，由南向北依次垂花头分别雕成含苞待放、花蕊吐穗和子满莲蓬的形状，意为平安长寿、荣华富贵、子孙万代，无疑是天津民居建筑中的雕刻精品。

　　天津公共建筑中的雕刻艺术主要集中于老城厢周边及蓟州区古建筑中的寺庙、佛塔、会馆等建筑中，这些建筑既有辽代贴面砖雕和石刻造像，又有清代刻砖和木雕作坊。特别是明清时期，随着砖木结构的大量出现，砖材料的大量使用，天津砖雕艺术的淳朴、丰满和细腻的风格便风靡全市，并发展成独立的行业，形成了闻名于世的"天津刻砖"。天津现存雕刻艺术较好的公共建筑有清真大寺、广东会馆、独乐寺、白塔、天成寺舍利塔、福山塔等，其中蓟州区佛塔的砖刻还具有早期的风格，做法是先在砖坯上雕刻，制模后入窑烧造，而后出炉加工成形。随着天津经济的快速发展，这种不受等级制度限制的砖雕、木雕、石雕工艺需求量不断加大，于是便出现了回族马顺清、"刻砖刘"等砖雕人物及房家、云家、赵家等木雕作坊。为了加强砖雕的层次感，马顺清还创造了"贴砖法"，即根据构图需要，在原砖上再贴一块小砖，以增加厚度，改善空间的层次感；为了使木雕工艺更加实用和美观，天津房家吸收了南方的木雕技艺，掌握了南方木雕的镂空技术，将南北木雕技艺融为一体，从而形成了天津的木雕风格，如独乐寺西墙门、广东会馆戏楼内外檐额枋等，构图严谨，精工细作，别具特色。

三、油漆彩绘

　　油饰彩绘是中国古建筑木结构的一个重要特色之一，它既可以防腐、防虫和保护构件，又有一定的美化作用。天津古建筑已历经多次修缮，彩绘大多被清除，但天后宫大殿内天花板和额枋明显的明代彩绘风格仍保存较好。"彩绘共有四层，最外层是粘纸贴画'和平鸽'；第二层是彩绘单鹤图案；第三层是彩绘坐龙图案；第四层为'双鹤领云'图案。在方形天花板框内，四个岔角做云形旋花图案，与清代天花板'岔角云'有明显差别，旋花亦具明代彩画风格。方光为浅绿色，板心作圆箍头两道，以红、绿、蓝三色岔开，圆光地为丹红色，其上画飞翔的双鹤及蓝色、绿色云朵。"[①] 天后宫的油漆彩绘是明代官式风格的代表，而蓟州鲁班庙内檐梁架作"彻上露明造"，梁架不设地杖，直接彩绘在木构件上，以青、绿和墨线勾勒线脚，旋花和栀花不退晕，着笔轻细的彩绘风格则融入了自由、豪放的地方风格，异于清代规范做法，是天津地区明、清之际民间彩绘的重要实物。

概之，天津地处我国的北方，依托大好河、山，成为历史上的漕运中心、京畿门户、军事要地，成为我国北方的水陆交通枢纽和商业大都会，这与天津的城市文化特性及特殊的地理环境是密不可分的。纵观天津的历史发展，可以明显地看出天津"河""海"文化的城市特质，表现为多元性、兼容性和大众性，建筑风格表现为中西合璧、南北交融。

---

① 天津市地方志编修委员会. 天津通志·城乡建设志（下）[M]. 1996.

第七章　老城区近代建筑

　　天津的近代建筑主要分为老城区和租界区两大部分（图7-0-1），天津老城区原为三
岔河口附近的老城厢地区，但随着20世纪初袁世凯对河北新区的建设，将老城区范围向三
岔河口以东及以北扩张，并使之在1937年日本全面侵华之前，经历了一段繁荣发展的新阶
段，史称"北洋新政"，因此本书中的"老城区"主要包括老城厢地区和河北新区两部分。

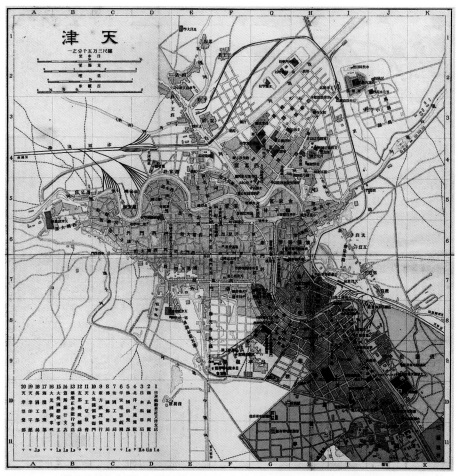

图7-0-1　近代天津地图（橙色为老城厢和河北新区为核心的老城区，其余为各国租界区）（来源：《天
津历史城市地图集》）

这一时期更是租界建筑发展的"黄金时期"，租界面积较大且有治外法权的保护，在军阀混战和外敌入侵中免于战火的侵扰，因此现存老建筑数量、质量远远高于老城区。租界建筑的发展基本上遵循了西方近代建筑的沿革历程，老城区近代建筑则展现了更多的中国传统建筑特色，表现了中国传统建筑近代化的发展历程。

天津的旧城中心为老城厢，作为一座商贸业发达的传统城市，商业中心原在老城厢的北门和东门外。当时靠近老城厢和海河的北门外大街和东门外大街都是繁华的商业街道，估衣街、针市街、粮店街、鱼市、菜市都是专门的销售市场。1900年"庚子之难"后，老城厢围墙被拆除，改为四条马路，老城厢开始衰败。

1902年袁世凯出任直隶总督兼北洋大臣，袁世凯在津执政期间的一大举措是开辟了海河以北的新市区，即河北新区（图7-0-2）。河北新区位于老三叉河口以北，与老城厢隔海河相望。同时，他为了便于迎来送往的各种仪式、摆脱老龙头火车站的租界

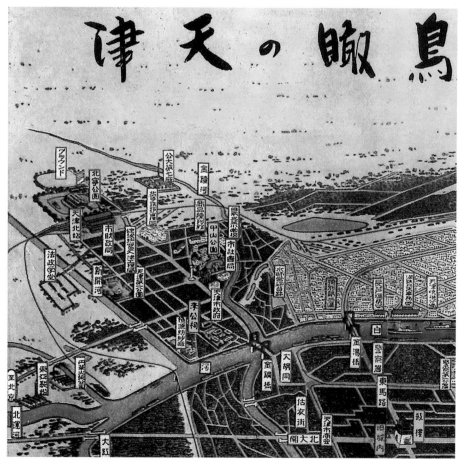

图7-0-2　河北新区鸟瞰图（来源：《天津百年老街中山路》）

管制，在河北新区兴建了天津总站，有力地带动了河北新区的工业发展。同年，在直隶总督衙门和天津总站（今天津北站）之间建起一条土石大道，取名"大经路"（后改为中山路），后又修建多条与之平行的经路和十余条与之垂直的纬路，纬路分别以《千字文》中"天、地、元、黄、宇、宙、日、月"等命名。

在新市区的规划地段内，拆迁了大批的民房和坟茔，建造商店、工厂、学校、公园和住宅，并将一些政府机关迁到河北新区，建筑形式大多仿照西方古典建筑模式。为了沟通河北新区和旧城区、租界区之间的交通，跨海河修建了开启式铁桥即金刚桥。1904年经袁世凯批准，由比利时商人开办电车电灯公司，1906年成立金家窑发电厂，有轨电车同时通车，这使得天津成为中国近代最早拥有公共交通的城市。这些基础设施的建设有力地促进了河北新区工业的发展，同时带来了文化的繁荣。

经过二十多年的建设，河北新区形成一定的规模。与此同时老城厢的环城马路也逐渐繁华，随着城市基础设施的日臻完善，天津的近代城市风貌逐步展现出来。这一时期租界区的发展更为迅速，宏伟华丽的建筑物与高雅别致的小洋楼住宅大批出现。总的来说，在20世纪30年代前后，老城区和租界区的城市建设并肩发展，不过租界区始终领先一步。

第一节　老城区近代建筑沿革

河北新区成立后，此地行政、文化、教育、军事、工商业等机构林立，建筑风格中西杂糅，各方政要、各路精英在此汇集，进行政治经济等各项活动。在1937年天津沦陷前，河北新区一直是河北省（直隶省）和天津的地方政治、文化中心，但经过抗日战争战火洗礼后绝大多数建筑现已不存。这一时期，老城厢及附近的公共建筑也有了一些发展，其中数量最多、现今保存最完好的为众多公立、私立教育建筑，历史悠久的老校区和细节精美的老建筑是天津当下众多大学和中学的一大特色。

一、河北新区建筑发展历程

天津总站建成于清光绪二十九年（1903年），为红砖四坡屋顶建筑，清水砖墙、形体简洁对称，主入口以红砖砌筑拱券进行装饰（图7-1-1）。

天津总站的建设带动了河北新区的工业发展。北洋新政期间，北洋劝业铁工厂、天津实习工厂、北洋银元局、户部造币总厂纷纷在河北新区落成。铁工厂被誉为"华北机匠的摇篮"，天津造币总厂则在中国近代金融史上有重要的地位（图7-1-2）。

这些官办实业，培养了最早的一批新型技术工人，也

图7-1-1　天津火车总站（来源：《天津百年老街中山路》）

加快了外资、民办工业的兴盛。民国初年，官僚资本大量投资，加上反帝爱国运动是兴起，民族工业开始振兴并初具规模。如近代实业家吴懋鼎创办的北洋硝皮厂及小关织布局等，以及华新纱厂、西沽机务处天津机厂等。"[①]至20年代末，河北地区有工厂89家，云集在大经路一带。主要行业有纺织（占60%）、化学、饮食、日用品、文化用品、机器等。"民族工业发展初具规模。

1907年，中国最早的商品展览馆之一的天津"考工厂"（图7-1-3），迁入河北新区大经路（今中山公园），改名

图7-1-2　天津造币总厂老照片（来源：《百年老街中山路》）

图7-1-3　早年的考工厂（来源：《天津百年老街中山路》）

---

① 张俊英. 天津百年老街中山路[M]. 天津科学技术出版社，2008.

劝工陈列所，后多次对国产工商品评奖，并对优等产品授予专利权。1928年后，该所更名为河北省国货陈列所，后日臻完善，为工商品研究、征集、展览的综合场所，也称"劝

图7-1-4　早年劝业会场（来源：《天津百年老街中山路》）

图7-1-5　20世纪30年代前期的中山公园正门（来源：《天津百年老街中山路》）

图7-1-6　河北省国货陈列馆（来源：《天津百年老街中山路》）

业会场"（图7-1-4），后改为中山公园（图7-1-5）。原有河北省国货陈列馆（图7-1-6）、直隶商品陈列所等建筑，在1937年后被侵华日军占据，后被拆毁。从中山公园附近现存的一些破败老建筑中能看到当时建筑的一些影子（图7-1-7）。

"振兴教育"是清末北洋新政的"大端"，大经路一经建成，沿路便陆续成立了一批新式学堂，包括北洋政法学堂、北洋师范学堂、北洋军医学堂、直隶高等工业学堂、北洋女师范学堂等10余所。如今，沿街附近大学、中小学合计也不下10所，如北洋女师范学堂、河北省立工业学院（图7-1-8）、扶轮中学等学校的部分历史建筑得以保留下来。

图7-1-7　现存老建筑（来源：朱阳 摄）

图7-1-8 河北省立工业大学校舍（来源：《天津百年老街中山路》）

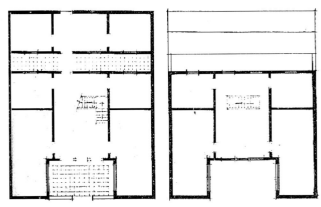

图7-1-10 锁头式里弄平面图（来源：《中国近代城市与建筑》）

图7-1-9 天津市立美术馆（来源：《天津百年老街中山路》）

河北新区保存了中国传统文化的土壤，是天津地域民族近代文化积淀的沃土。北洋新政促进了近代科技、文教、新闻出版实业的发达，直隶图书馆、河北博物馆、市立美术馆等各种文化设施兴起并不断扩充。建于1930年的天津市立美术馆（图7-1-9），坐落在中山公园内，建筑形体简洁方正，装饰较少且以平直线脚为主，建筑设计受到现代主义等建筑思潮的影响，已经体现出注重简单几何形体和不注重装饰的倾向。只是现存建筑太少，颇为遗憾。

二、老城区住宅建筑的发展

20世纪初，河北新区在完善新区经纬道路系统的基础

上，陆续兴办工厂，开设学堂，督造衙署，成立会所等，使其逐渐成为新兴的工商业中心。辛亥革命后，河北新区成为政府所在地，北洋实业界的许多厂家也都设厂于此，这一带的政府机关人员和铁路工商业职工人数骤增，河北新区的建设至此进入全面繁荣阶段。一些军阀、官商瞅准机会，纷纷在此购地置屋，出租牟利，此时的居住建筑以院落式里弄住宅为主，服务对象多是城市中下层居民，经营者也多属中国房地产商。后发展出具有中国传统居住特色与西方联排住宅特点的"锁头式住宅"。

"锁头式里弄"住宅平面布局还能看出中国传统建筑中轴对称、尊卑有别的影子（图7-1-10），其建筑群体是以"里"和"弄"来组织的。里弄中垂直城市道路的尽端路为里，再由里分出垂直的支弄，称里弄。里弄设计时常常在里口做过街楼或门洞，具有标志性的同时提醒内部的私密性，避免穿行。里弄住宅一般2～3层高，利用前后建筑间的日照间距，每家每户带有前后小院或天井，适宜传统大家庭居住。

1928年后，随着北洋军阀统治的结束，河北新区也日渐没落，新式里弄住宅的出现导致院落式里弄的销声匿迹。天津近代院落式里弄的发展相当短暂，现存该类型里弄多集中在河北新区，如东兴里、择仁里等，老城厢及租界区也建有一些零星小规模的院落式里弄，如紫阳里等。

图7-1-11 刘建章故居主楼（来源：《天津百年老街中山路》）

图7-1-12 刘建章故居大门（来源：《天津百年老街中山路》）

图7-1-13 娄家三代旧居（来源：《天津百年老街中山路》）

图7-1-14 孟养轩旧居（来源：《中西文化碰撞下的天津近代建筑发展研究》）

老城区保存下来的独栋住宅较少，现存刘建章故居（图7-1-11、图7-1-12）和娄家三代旧居（图7-1-13）。刘建章故居位于中山路北侧三马路，院内主楼为局部二层带地下室中西合璧式建筑，砖石结构。三马路上的砖砌大门砌筑出独特的西洋式拱门和檐口细部。

娄家三代旧居为二层双坡屋顶小洋楼，采用与租界独栋洋房不同的青砖灰瓦，颇有中国传统建筑意境。八边形窗洞、入口雀替和栏杆花纹等装饰元素具有典型的中国传统建筑装饰特色。

袁世凯在开辟河北区作为新市区时曾有"街道两侧需建西式商店和房屋"的规定。建于1912年，位于河北区博爱道12号的孟养轩宅（图7-1-14），平面为中国传统建筑形式的四合院布局，沿街立面采用西洋方壁柱，屋顶外围设相应女儿墙，阳台设铁花图案栏杆。后面的四合院保留中国传统建筑青砖青瓦的形式，但门窗部分都采用更像西方传统形式的圆拱券，门窗棂的分割受西洋建筑的影响。内院廊子的栏杆和挂落显得简单、西化，却有中式的花芽子。整座建筑综合吸收了中西建筑的特点，堪称近代天津中西文化交融的见证。[1]

三、老城区现存公共建筑简介

老城区现存的近代公共建筑主要有两类：①河北新区及附近的近代建筑，主要有北洋造币厂、劝业会场（今中山公

---

① 王苗. 中西文化碰撞下的天津近代建筑发展研究[D]. 天津大学博士论文，59页.

图7-1-15　如今的原天津造币总厂（来源：朱阳 摄）

图7-1-16　老中山公园入口（来源：朱阳 摄）

图7-1-17　电话局月纬路分局老照片（来源：《天津百年老街中山路》）

图7-1-18　电话局月纬路分局（来源：《天津百年老街中山路》）

特点。

　　1926年，天津电话局在今月纬路兴建分局，至1947年底，已有电话用户1705户。建筑为两层带地下室（图7-1-17），建筑基座以毛石砌筑，立面三段式构图，断山花、组合柱等明显吸取了西方重新组合古典建筑元素的巴洛克风格（图7-1-18）。

　　1918年，由铁路员工联合组成的铁路同人教育会，在吕纬路建设天津扶轮公学第一中学。该校为全国第一所铁路职工子弟中学，富有光荣的革命传统，并培养出陈省身等大批精英人才。天津扶轮中学校舍南楼与北楼分别建于1919年和1921年。建筑的横竖规整的三段式构图，隅石转角和洞口边缘在西方文艺复兴以来的建筑中常见，中央体量的竖向构图和尖拱带西方中世纪意向，墙面的大面石材砌筑感，又显示了某种意大利文艺复兴"手法主义"特色或独特创造性。总体上看，体现了折中主义基础上的"创新"（图7-1-19、图7-1-20）。

　　坐落在天纬路4号的天津美术学院，前身是创建于清光绪三十二年（1906年）的北洋女师范学堂，1910年左右建设的教学楼，据老照片为砖混结构二层四坡屋顶建筑（图7-1-21）。中央入口山花、八边形塔楼和较缓的坡屋顶明显有意大利文艺复兴特征，两翼的竖向三段式构图弱化檐部，突出窗间墙的简洁竖线条和宽窄节奏变化，体现了文艺复兴风格和19世纪对传统形式的简化与变革的折中（图7-1-22）。

　　北洋大学堂为1895年海关道盛宣怀创办，1896年更名

　　园）、月纬路邮局、北京铁路局天津办事处等北洋新政时期官办建筑以及当时迁到西沽附近的北洋大学堂等；②老城厢附近的近代建筑，多为西式教育建筑，如南开中学、铃铛阁中学（后改为天津府官立中学）。

　　原天津造币总厂厂房于1905年建成，占地面积近32000平方米，原为四合套院布局，箭道为东西向，现仅存一座青砖砌筑单层建筑（图7-1-15），立面采用拱券、欧式山花、中西传统建筑中都有的雉堞山墙等元素，体现出中西合璧的特点。建于1907年的劝业会场现今保存下来的入口标志建筑（图7-1-16），同样为青砖砌筑，装饰细节采用中式传统符号，但柱身三段式构图、檐口细部又具有西洋建筑的

图7-1-19 扶轮中学北楼（来源：《第三次全国文物普查不可移动文物登记表》，徐燕卿 摄）

图7-1-20 扶轮中学南楼（来源：《第三次全国文物普查不可移动文物登记表》，徐燕卿 摄）

图7-1-21 北洋女师范学堂老照片（来源：《天津百年老街中山路》）

为"北洋大学"。据《红桥区志》记载："1902年，中国第一所现代大学——北洋大学迁至西沽桃花堤，培养了大批科技人才，包括北京大学校长马寅初等著名学者，北洋大学更是给红桥区带来了良好的文化素养，对天津市的现代教育影响久远。"北洋大学迁至西沽桃花堤，即今天津市红桥区境内后，开始新建校舍。1929年早期建筑四面钟大楼被焚后，至1930年到1933年间，新建了工程学馆即南大楼（图7-1-23、图7-1-24），1935年建工程试验馆即北大楼，南北大楼均为中国工程司阎子亨设计，钢筋混凝土结构，外立面红砖砌筑，造型朴实刚劲，并摆脱了西方古典建筑的设计手法，体现出由传统建筑向现代主义过渡时期的建筑设计风格。

建于20世纪20年代的北京铁路局天津办事处位于天津北站对面的中山路沿街，由基泰工程司设计，建筑已经完全摆脱了古典建筑的桎梏，立面线脚简洁挺拔，具有装饰艺术派的几何风格，形体组合则体现出现代主义建筑对近代中国建筑设计的影响（图7-1-25）。

南开中学位于老城厢西南，始建于清光绪三十年（1904年），是天津最早的私立中学，创办人为知名教育家严修、张伯苓，现存南楼、东楼、北楼、瑞庭礼堂四座建筑。

东楼即今伯苓楼（图7-1-26）、北楼为砖木结构二层楼房，坡屋顶、青砖饰面。东楼建于1906年，为南开中学中心建筑。建筑砖石配合、造型别致，体现了综合借鉴西方多种风格的折中性创造。入口矩形体量配间或突出楔形石的巨大落地拱券，古典的柱子插在中间。整体构图显示为分为两层的横向连续，二层不间断的连拱廊和厚重的檐部尤为突出。北楼建于1913年，基本形式类似东楼，但相对简单，连续的拱券首层落地成廊，二层为连续拱窗。

南楼亦称"范孙楼"（图7-1-27），建于1929年，阎子亨设计，砖混结构，三层楼房（带地下室），建筑在装饰细部有中式传统式样，整体构图及其主要元素又明显是西方古典柱式的。

瑞庭礼堂（图7-1-28）建于1934年，砖木结构，外檐为砖砌清水墙，能容纳1700人。建筑形体简洁朴实，外檐材

图7-1-22 今天津美术学院教学楼（来源：《小洋楼风情》）

图7-1-23 原北洋大学堂南楼（来源：《小洋楼风情》）

图7-1-24 原北洋大学堂南楼入口（来源：刘婷婷 摄）

图7-1-25 铁路局天津办事处（来源：《天津百年老街中山路》）

图7-1-26 南开中学伯苓楼（来源：《天津历史风貌建筑》）

图7-1-27 南开中学范孙楼（来源：何易、何方 摄）

图7-1-28 南开中学瑞廷礼堂（来源：何易、何方 摄）

图7-1-29 原天津府官立学堂（来源：王倩 摄）

料为天津特产的硫缸砖和清水混凝土的结合。建筑细部设计丰富，线脚细腻挺拔，局部装饰如云头、雷纹等具有中国传统建筑元素特征，整体上又与西方19世纪末以来逐步以简洁几何线脚替代传统装饰的变革相关。南开中学东楼、南楼和瑞庭礼堂的建筑风格可以大概展现出天津近代建筑的发展变化历程，即造型从复古到现代，装饰从繁复到简洁，且受到中国传统建筑与西方古典主义的综合影响。

这一时期天津建设了不少自己的教育建筑，如天津近代第一所中学——原天津府官立学堂（图7-1-29）。原天津府官立学堂位于今老城厢西北角西侧，创立于1901年，是天津建立最早的一所官办中学。现保留建筑一幢，建于1933年，砖混结构二层楼房，局部三层，建筑平面呈"T"形。前部二层均为教室，后部三层，首层为教室，二三层为礼堂，空间开阔。外檐为清水砖墙，入口部分为清水水泥饰面。

建筑立面采用繁复的壁柱等竖向元素，女儿墙采用花式雉堞砌筑，使建筑整体向上，简约大方，正立面明显看出"V"形装饰轮廓线，推测受到当时流行于欧美且风靡天津的装饰艺术派建筑风格的影响。该建筑兼具中国传统建筑的古朴稳重与装饰艺术派的摩登优雅，是天津近代建筑中非常值得细细品味的一座。

北洋大学堂的北楼注重造型的简洁几何感，挺拔刚劲，折线形屋顶造型也具有装饰艺术派建筑风格特征，类似的还有上文中提到的南开中学的瑞庭礼堂、北京铁路局天津办事处等建筑。这些建筑可以看出，当时的中国传统建筑努力摆脱中国传统建筑影响及西方古典建筑桎梏，力求发展出一条适合中国近代建筑社会的特色建筑之路。

第二节　老城区近代建筑对于传统材料与装饰元素的运用

近代老城区建筑受到西方建筑文化的较大冲击，西洋式的拱券、坡屋顶等元素的广泛应用，体现了中国传统建筑求变的心态，在建筑营造上则体现为中国传统砖、石建筑材料的广泛应用，以及传统砖石砌筑工艺与西方建筑装饰形象元素的融合。

一、中西合璧的建筑装饰形象

拱券早就存在于中国传统建筑中，但多用于桥梁、城门和陵墓地下工程中（图7-2-1），与西方建筑大量用于房屋建筑结构和立面不同（图7-2-2）。在近代老城区建筑中，尤其在早期的考工厂、南开中学主楼等建筑中，拱券成为立面上最突出的装饰形象，装饰细节上也多采用西方建筑的线脚、拱心石等元素，体现出对西方建筑元素的借鉴和吸收。天津近代建筑多采用砖砌半圆拱，也偶有尖拱、三心拱等形式。

以南开中学伯苓楼为例，入口处的门廊采用砖砌半圆拱的形式（图7-2-3），门廊上方的精美石雕具有传统中国建筑的装饰特点，但半圆拱的放射状石块及拱心石等元素则明显是西方的装饰特色，拱门下以两根爱奥尼克柱式支撑，更是增加了建筑的西式情调，体现出中西合璧的装饰特点。该建筑立面也颇有特点（图7-2-4），连续拱券为西方立面处理方式，但檐口的"卍"字形装饰则是中国传统元素，一层方窗上下的砖砌挑檐，也让人联想到传统民居中的门窗挑檐等细部。

近代建筑中这种中西合璧的建筑表达方式，与近代中国的文化发展、技术条件息息相关。当时中国旧社会体系即将崩溃，但新的社会秩序还未建立。包括西方强行输入和在追求进

图7-2-1　传统中国建筑的拱券（来源：网络）

图7-2-2　西洋建筑的拱券形式（来源：网络）

图7-2-3　南开中学伯苓楼入口（来源：何易、何方 摄）

图7-2-4　南开中学伯苓楼立面局部（来源：何易、何方 摄）

图7-2-5　天津府官立学堂的檐口（来源：何易、何方 摄）

图7-2-6　天津府官立学堂入口（来源：何易、何方 摄）

步中的主动引入，西方文化极大地影响了中国近代建筑的发展。中国传统的木结构建筑很快被当时流行的砖木结构取代，进而，钢筋混凝土结构也在20世纪20年代后逐渐引入中国。

在砖承重的建筑中，建筑结构的受力体系能够清晰地从建筑外观上表现出来，砖柱、砖墙等都是非常重要的竖向受力结构，在钢筋混凝土门窗过梁没有广泛运用的时期，砖拱则是结构受力最合理的窗洞过梁做法，当代美国的建筑大师路易斯·康（Louis Kahn）的经典名言"我问砖想成为什么，砖回答，我想成为拱"，砖这种材料的抗压特性非常适合作为拱券的砌筑材料。因此，我们看到的这一时期常见的砖拱，不仅有西方建筑风格的外在影响，同时也有建构逻辑的内在要求。

在1930年前后注重几何化装饰的装饰艺术风格传入中国后，中国的近代建筑依然体现出将西方装饰特色与中国传统建筑形式结合的特点。如天津府官立学堂的檐口设计（图7-2-5），就与中国传统城墙建筑城墙中的"垛口"设计结合起来，并整体体现出挺拔、向上的装饰艺术派建筑风格。这一时期钢筋混凝土也被较多地运用在建筑中，该建筑入口就使用了三根混凝土柱形成门廊，细部装饰则是结合了传统建筑中的漏窗、牌匾等元素（图7-2-6）。

二、大放光彩的传统材料

老城区近代建筑大量应用砖石材料，并形成相应的外檐立面特色。现存的北洋新政时期的户部造币总厂等建筑，青砖的立面营造出浓重的历史氛围和庄重感。红砖的颜色丰富，富有表现力，在天津租界建筑中得到了广泛的应用，在老城区也颇受欢迎。北洋大学堂、天津府官立中学采用红褐

图7-2-8　扶轮中学外墙（来源：何易、何方 摄）

毛石砌筑，独特质感在天津众多的近代建筑中可谓独树一帜
（图7-2-8）。

这一时期，混凝土等材料在老城区建筑中已经得到了
运用，但并不广泛，大多作为一种装饰材料出现在建筑的
门廊、檐口等部位。

第三节　"西风东渐"大环境下中国建筑师的设计探索

20世纪20年代初，中国第一批出国留学归来的建筑设计
师，开始在中国近代建筑设计领域与外国建筑师竞争，成为
一股不容忽视的力量。"据随意抽查，1933 年至 1939 年
这十年间的 100 项建筑中，由外国建筑师设计的占43 项，
由中国建筑师设计的占 42 项，其余 15 项设计人不祥。"[①]
在天津的中国建筑师的设计机构中，最活跃的是中国、华
信、基泰三个工程司（表7-3-1）。

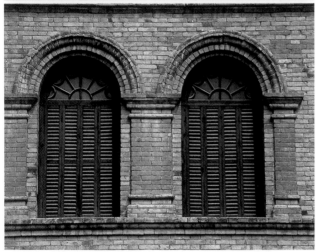

图7-2-7　南开中学伯苓楼外墙细部（来源：《小洋楼风情》）

色的红砖、配合简洁有力的建筑形体，营造出积极的新时代
气氛。值得一提的是南开中学伯苓楼对红砖和青砖的配合运
用（图7-2-7），以青砖为底，红砖为点缀并勾勒线条的方
法，将砖这种材料的色彩装饰感淋漓尽致地表现了出来。

石材这种传统材料同样得到了广泛的应用，扶轮中学
虽然采用西方建筑的隅石窗套和檐口形式，但外墙均以天然

① 杨永生. 中国四代建筑师[M]. 北京：中国建筑工业出版社，2002.

一、近代中国建筑师设计作品简介——以中国、华信、基泰工程司为例

三个事务所在津建筑不完全统计表   表7-3-1

	中国工程司	华信工程司	基泰工程司
成立时间	1928年	1931年	1920年
主要成员	阎子亨、陈炎仲	沈理源	关颂声、杨廷宝 朱彬、杨宽麟
近代在津主要作品	北洋大学堂南楼 北洋大学堂北楼 北洋女师范学堂礼堂 南开中学范孙楼 天津府官立中学 耀华中学第三教学楼 耀华中学第四教学楼 寿德大楼 振兴贸易公司 久安大楼 耀华中学第五教学楼（不存） 耀华中学体育馆（不存） 丁懋英医院（不存） 市立师范学校（不存） 岳阳路自宅（不存） 永定里 日升堂公馆 利济堂公馆 元隆孙住宅 王君泌住宅 话趣园 敬胜堂 茂根大楼 光明里	浙江兴业银行 盐业银行 中南银行 中央银行天津分行 新华信托银行 金城银行 许氏旧居 民园西里 周明泰旧居	天津大陆银行大楼 原基泰大楼 百货大楼 北京铁路局天津办事处 南开大学木斋图书馆（不存） 永利碱厂大楼（不存） 原天津中国银行货栈（不存）

中国工程司，经理兼工程师为天津著名近代建筑师阎子亨。他毕业于天津南开中学，在香港大学学习土木工程，曾在西北绥远工作两年，从事工程勘察测量工作，并作了一些平房和楼房设计。回天津后进入亨大工程司工作，进而组织了中国工程司。阎子亨"在土木、建筑业务中，仅建筑工作这一项就经历了四十多年，亲手独自设计的和部分施工的公共学校、居住、商业、工业等项建筑，包括结构、设备的设计在内，共三百多处。"[①] 他的合伙人陈炎仲，于1923年赴

---

① 孙亚男. 阎子亨设计作品分析[D]. 天津大学硕士论文，2011.

英国学习建筑，1928年返国后任中国工程公司建筑师。他们设计的著名建筑有上文提到的南开中学范孙楼、北洋大学堂南楼与北楼、天津府官立学堂以及市立师范学校、河北省立女子师范学院教学楼、岳阳路住宅及寿德大楼、茂根大楼等，数量众多的作品以风格朴素、浑厚和工程坚固、耐久著称。

阎子亨早期的信义里住宅、四宜里住宅（图7-3-1）、四宜里仓库（图7-3-2）等建筑作品，作品运用传统建筑的青砖砌筑，是在天津较早进行现代建筑中国化探索的建筑师。建于1935年的丁懋英医院（图7-3-3），将中式传统的硬山瓦屋顶做法与现代建筑式样根据功能的需要融合在一起。

阎子亨中期作品主要在1930年至1937年之间，这一时期，他的作品部分体现出西洋建筑折中主义的特征，另外也有一大批作品受到当时流行的现代主义和装饰艺术风格的影响。元隆孙住宅（图7-3-4）的对称布局、精美柱式和南开中学范孙楼（图7-3-5）的拱门、连拱廊，体现出当时天津流行的西洋建筑风格对其设计的影响，也与其在香港大学所受的西式建筑教育紧密相关。而在其较晚的1935年至1937年间的建筑作品中，如东亚毛纺厂男工宿舍（图7-3-6）和茂根大楼（图7-3-7），其风格则转向了现代简约，并且明显受到装饰艺术派折线形和流线型风格的影响。

阎子亨也是少数在新中国成立后继续活跃在建筑设计和政界的近代建筑大师之一。在新中国成立后参与了天津人民体育馆、天津水上公园的设计。

华信工程司，由天津著名近代建筑师沈理源创办。沈理源早年于意大利那不勒斯大学攻读数学和建筑学科，回国后在天津开展了大量的建筑实践活动，设计建造房屋百余座，现存著名作品的有浙江兴业银行、盐业银行、中南银行、中央银行天津分行、新华信托银行、金城银行改造等，受其教育经历的影响，设计作品多偏向于西方近代折中主义潮流中比较纯粹的古典风格，并时常把民族建筑艺术渗入其中。

盐业银行是沈理源古典风格的重要作品，建于1925年，在这座建筑的设计中，他将中国的传统装饰纹样融入西方的

图7-3-1 四宜里仓库（来源：孙亚男 摄）　　图7-3-2 四宜里住宅（来源：孙亚男 摄）

图7-3-3 丁懋英医院（来源：《小洋楼风情》）

图7-3-4 元隆孙住（来源：何易、何方摄）　　图7-3-5 南开中学范孙楼立面（来源：何易、何方摄）

图7-3-6 茂根大楼（来源：刘铧文 摄）　　图7-3-7 东亚毛纺厂男工宿舍图（来源：《阎子亨设计作品分析》）

古典建筑体系中，如将中国传统文化中的雷纹代替爱奥尼克柱头的涡旋，并将传统装饰纹样用于建筑的窗套、浮雕带

等处，获得了很好的效果（图7-3-8、图7-3-9）。建于1922年的浙江兴业银行也是其古典风格的优秀作品。进入20世纪30年代，在中南银行的改造中，他的设计风格体现了对古典风格的简化，并突出与19世纪末维也纳分离派具有某些相似性的体块布局意向（图7-3-10），这些都表现出中国建筑师的个人创造力和对世界建筑发展趋势的洞察。

这些银行大都坐落在当时英法租界核心区的中街（今解放北路金融街），与中街上其他的外国建筑师设计的银行建筑相比毫不逊色，为此沈理源还得到了"银行建筑师"的称号。

此外，华信工程司还设计了一批租界的独户洋房、里弄住宅和公寓建筑，如许氏旧居、民园西里、周明泰旧居等建筑。

基泰工程司是中国近代建筑执业形态中发展规模最大

图7-3-8　盐业银行入口（来源：何易、何方 摄）

图7-3-9　盐业银行立面（来源：何易、何方 摄）

图7-3-10　中南银行外观及室内（来源：何易、何方 摄）

图7-3-11　原百货大楼（来源：《基泰工程司上：从开拓到趋于稳定的阶段——津京时期》）

图7-3-12　南开大学木斋图书馆（来源：《基泰工程司上：从开拓到趋于稳定的阶段——津京时期》）

图7-3-13　原中国银行天津货栈（来源：《基泰工程司上：从开拓到趋于稳定的阶段——津京时期》）

的一家建筑公司，且成立较早，由近代中国著名建筑师关颂声、杨廷宝等人创建。公司在天津的主要作品有天津大陆银行大楼、原基泰大楼、中原公司百货大楼（图7-3-11）、南开大学木斋图书馆（图7-3-12）、永利碱厂大楼、北京铁路局天津办事处、原天津中国银行货栈（图7-3-13）等。在号称是"天津三宝"的永利制碱、南开大学与《大公报》的建筑中，基泰囊括其中"两宝"——南开大学木斋图书馆和永利碱厂设计。

　　基泰的设计风格多样。百货大楼和北京铁路局天津办事处具有挺拔造型配几何图案、线脚的装饰艺术派风格；原中国银行天津货栈突出简洁流畅的几何造型，较多体现了现代主义建筑的影响；南开大学木斋图书馆则偏向西洋古典，突出中央的山花、穹顶等元素借鉴了意大利文艺复兴的建筑特点。

　　总的来说，天津的近代建筑师在中国近代"西风东渐"的大背景下，大都具有西方留学背景，熟知西方古典建筑技巧，且对于西方近现代装饰艺术革新到现代主义的各种建筑思潮都比较敏感，建筑设计往往在古典与近现代、东方和西方之间游刃有余的切换，并且善于使用地域材料在西方建筑形式下表达中国特色。

二、中国建筑师对近代天津风貌的影响

　　近代中国建筑师在天津的设计活动范围不仅限于老城区，在租界区，中国设计师凭借深厚的建筑素养和较高的设计水平，获得了许多设计业务。

　　在被称为"中国的华尔街"的英法租界中街（今解放北路），中国设计师沈理源留下了诸如盐业银行、新华信托银行等一批优秀的近代建筑作品（图7-3-14），其设计作品造型庄重、比例严谨、室内空间灵活丰富，与临近的汇丰、花旗等外商银行相比毫不逊色，并将中国传统元素与西方建筑形式相融合，创造了新颖的建筑形式，其盐业银行的设计是天津唯一入选英国弗莱彻爵士编著的《建筑史》的作品。

　　阎子亨作为近代天津本土的设计大师，同时在老城区和租界区留下了众多的设计作品，其设计风格古朴稳重，善于使用中国传统建筑材料。他在租界区的设计作品则明显参考了西方古典建筑的立面构图法则，并能结合时代灵活把握，许多建筑具有时代新颖感，如耀华中学等。

　　在英租界五大道地区，阎子亨参与了大量的独栋花园洋房和里弄住宅设计项目，并且有众多建筑作品保留至今（图7-3-15、图7-3-16）。其住宅设计作品多采用深色硫缸砖，前期风格质朴、具有中国传统建筑特色，后期建筑风格偏向现代主义，与五大道的众多西式小洋楼一起，为形成现今五大道兼具中式传统建筑魅力与西方多样化建筑风格的风貌作出了很大贡献。

　　天津的老城区近代建筑，是中国近代社会主动引进西方的先进思想和理念，吸收和接纳后对自身进行改良和发展的结果。这些现存的教育、住宅等建筑和老照片中的大量的

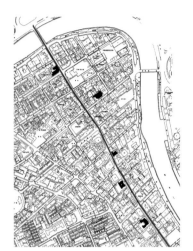

图7-3-14　沈理源沿解放北路作品分布
（来源：和平区地图；改绘：刘婷婷）

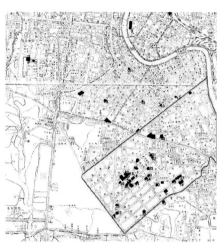

图7-3-15　阎子亨早期（1928～1937年）作品
（来源：《阎子亨设计作品分析》）

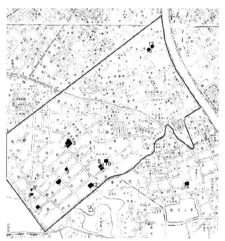

图7-3-16　阎子亨中期（1938～1945年）作品
（来源：《阎子亨设计作品分析》）

展览、工业建筑，显示了天津近代作为中国"北洋新政"的试验田所进行的各种实践，同时也反映出中国传统建筑材料和工艺与西方近代建筑的融合，是中国建筑自身近代化历程的见证。在这一过程中，中国近代第一批建筑师在天津进行了大量的实践活动，这些人可以被称为中国的第一代"职业建筑师"，他们往往具有西方留学背景、眼界开阔，从小在中国文化的耳濡目染下，又对西方建筑进行了系统深入的学习，在当时"西风东渐"的大环境下，这些人的设计风格往往偏向西洋古典和西方近代的流行思潮，但已经有建筑师如阎子亨开始探求现代建筑中国化的道路。同时，他们的设计范围涵盖了老城区和租界区，为形成天津的近代城市风貌作出了不懈的努力。

第八章　租界区近代建筑

1860年天津开埠后，清末陆续出现了九国租界（图8-0-1），这在世界城市的发展史上也是非常罕见的。九国租界在天津存续时间最长的为英租界——85年，最短的为奥匈租界——17年（表8-0-1）。大规模的租界建设，使得西洋建筑文化和技术涌入天津，天津的建筑从中国传统形式走向了中西荟萃，百花齐放。各国租界的建设一般归由本国的工部局主管，租界区在1900年前有过一段自发性发展的阶段，但像英、法、意等面积较大的租界在1900～1937年间的大规模发展建设阶段均对本国租界进行过规划，有的进行过细致的整体规划（如英租界），有的有一些建筑形式控制的导则（如意租界）。

九国租界记载

表 8-0-1

租界名称	设立时间	设立初期面积	租界扩张时间及面积	租界总面积	收回时间	租界面积的不同记载
英	1860 年	460 亩	1987 年扩充 1630 亩；1902 年美租界 131 亩并入；1903 年扩充 3928 亩	6149 亩	1945 年	《天津政俗沿革记》记载为5800亩；《天津志略》记载为6329亩
美	1860 年	131 亩		131 亩		《天津政俗沿革记》记载为 140 亩
法	1861 年	360 亩	1900 年扩充 2000 亩 1931 年扩充 476 亩	2836 亩	1945 年	《天津志略》记载为2360 亩
德	1895 年	1034 亩	1901 年扩充 3166 亩	4200 亩	1919 年	
日	1896 年	1667 亩	1900 年扩充约 90 亩 1903 年扩充约 400 亩	2150 亩	1945 年	日本天津居留民团统计为 1911 亩
俄	1900 年	5474 亩		5474 亩	1924 年	《天津政俗沿革记》记载为 5974.8 亩

租界 名称	设立 时间	设立初期 面积	租界扩张时间及面积	租界 总面积	收回 时间	租界面积的不同记载
意	1902年	771亩		771亩	1945年	《天津政俗沿革记》 记载为714亩
比	1902年	740.5亩		740.5亩	1931年	
奥	1903年	1030亩		1030亩	1919年	

（注：根据《中西文化碰撞下的天津近代建筑发展研究》数据绘制）

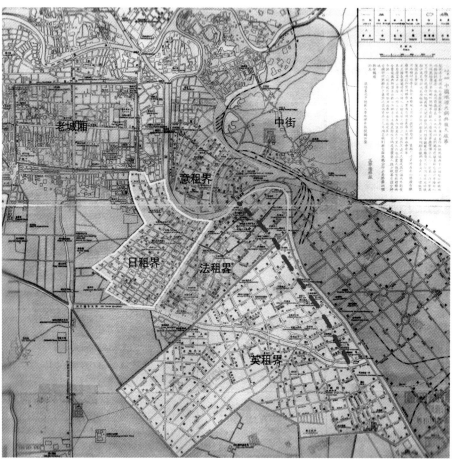

图8-0-1　1934年天津老城厢和租界地图（底图来源：《天津历史城市地图集》，改绘：刘婷婷）

第一节 近代租界基本城市格局与规划发展

1900年的"庚子事变"对天津老城厢和商业造成了严重打击，加上清末民初的各种政治事件和1922年和1924年的两次直奉战争的波及，具有稳定政治环境的租界逐渐成为新的城市中心区域。20世纪初，商业中心率先转移到了最为靠近老城厢的日租界，1920年后法租界成为发展速度最快的租界，原"梨栈大街"今劝业场附近地区成为天津最有影响力的商业中心。同时，国民饭店、渤海大楼、中国大戏院、光明影院等各类商业设施都坐落于此，令劝业场商业中心继续壮大并且日益完善。从图8-0-1上看，海河西侧的老城厢—日租界—法租界—英租界一带建设较为成熟，是现今天津近代租界风貌保存较为完好的区域。海河东侧的意租界建设较为完善，其他各国租界开发建设有限，现今保留下的建筑较少。

解放路地段原为最初英法租界的"中街"，是一条贯穿最初英法租界区的与海河平行的街道。在租界发展的最初阶段，各国在海河沿岸设立仓库、码头等简易的商贸设施，随着航运贸易的发展，在中街出现了一些洋行、银行。1910年后，随着租界的繁荣和天津逐渐成为中国北方最重要的港口，银行也雨后春笋般地出现，各种外商银行（如汇丰、花旗、麦加利银行）、官办银行（原中央银行、中国实业银行）和民间商业银行（中南、大陆、兴业银行等）分布在中街两侧，形成了壮观的"银行一条街"，称为"中国北方的华尔街"。中街偏南的一侧则靠近英租界的公共建筑中心——泰安道一带，一些重要的公共建筑如英国工部局（戈登堂，现已不存）、利顺德饭店、安立甘教堂等集中于此。

一、租界最终形态分析——以法租界为例

在天津的九国租界中，英、法三国租界面积最大，发展最为完善。天津法租界最为靠近市中心区，且涵盖了天津近代的商业娱乐中心和金融中心，其空间形态的演变对于天津

图8-1-1 法租界东部（来源：《明信片中的老天津》）

近代的城市发展产生了较为重要的影响（图8-1-1），现以法租界为例对其最终形态加以分析。

法租界的城市规划，与法国本国的城市规划发展有密切的关系。1853年，奥斯曼对巴黎为期七年的改造活动，标志着法国城市规划思想的初步建立。"巴黎改造计划"是当时规划界主流思潮"城市美化运动"在法国的一次大规模预演。其主要改造思想主要体现道路建设、加强街道和重要建筑对景关系、改善城市上下水等基础设施以及增加广场和公园等方面（图8-1-2）。法租界现今宽阔的街道、严整的建筑形态以及广场和公园的设计，与巴黎"城市美化运动"类似。

法租界经过三次扩张和道路网的不断完善，形成了以方格网为基础，局部放射路网的城市道路格局（图8-1-3）。以今劝业场区域为例，路网地块面宽约70~120米，进深约110米，路网地块内一般由2~4栋建筑组成，法租界规整的街区网格，保证每座商业建筑都有充足的沿街开放界面。

图8-1-2　巴黎城市形态（来源：刘婷婷 摄）

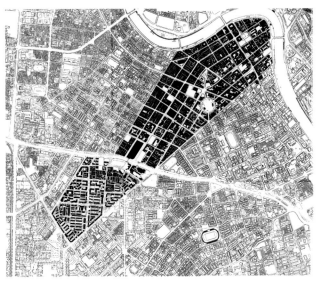

图8-1-3　法租界图底关系（来源：《天津原法租界的形态演变和空间解析》）

法租界区域内唯一的异质肌理来自中心花园区域。以圆形和放射形街道为主要特征的中心花园区域，是法租界内的重要景观节点。因为法租界与英租界边缘地区地块形状的不规则，加上星形放射状的路网设计，导致这一区域的地块形状极不规则，出现了诸如三角形、梯形、五边形等地块形状。这一区域是法租界的高级住宅区，中心花园以南的丰领事路区域在20世纪20年代被称为"督军街"，数十名军阀在此兴建别墅。

劝业场商业区、中心花园区、丰领事路居住区、中街金融区和南端的西开教堂区域，形成了涵盖商业、娱乐、居住、金融、宗教等多种功能的复合型城市空间，共同形成了法租界多样化的空间形态。

二、租界街道空间特色

租界的优美街道景观和宜人的居住环境的形成，不仅依靠有效的整体规划设计，更依靠一些具体的城市设计，如街道空间设计、街道对景设计。租界区在道路宽度和剖面、街道界面形态和街道对景设计等多方面都体现出精心的设计。

法租界是各国租界中最为注重道路宽度、剖面等整体设计的。原法租界内共有道路65条，街道宽度6～15米不等，大多数街道宽度在7～10米之间，由于法租界是一次规划性区域，街道多是由当时的规划决定的。每条街道宽度变化不大，体现出了与方格网相对应的均质化的特点。法租界早期的道路都铺设了碎石路面，到20世纪20年代后开始改为沥青路面。各路旁均栽有树木，修筑水泥便道，宽约一丈(3米左右)。

日本建筑师芦原义信在《外部空间设计》中对道路宽度(D)和建筑物高度(H)比值的分析一直以来都是街道尺度分析的经典理论（图8-1-4）：D/H＞1时，能产生远离和空旷的感觉；D/H＜1时，使人产生压迫感；D/H=1，建筑和间距之间则达到了某种平衡。以原法租界中街（今解放北路）为例，建筑两侧有宽阔人行道，D/H约为1.5～2，界面完整而连续，两侧建筑古典特征十分明显（图8-1-5）；今劝业场附近街道的D/H则在0.7～1.5之间，这些都基本符合芦原义信先生归纳的建筑和间距较为平衡的状态。

法租界的街道界面形态基本上照搬法国的街道模式，建筑贴着道路布置，立面古典规整，道路气氛端庄大气。英租界的街道规划则更为自由灵活，界面形态也更为多样。

英租界是外国在天津设立最早、面积最大的租界。租界经历过三次扩张：1895年中日甲午战争后、1900年八国联军侵华战争后以及1903年的第三次扩张。第三次扩张面积最大，为2968亩（约1978667平方米），称为推广界（图8-1-6）。英租界推广界，后发展为天津近代最大的一片高级居住区，即今五大道地区，现今被较完整的保存下来，成为研究天津近代居住建筑最为宝贵的实物资源。

五大道地区道路宽度和街道空间特色则更为复杂，且具有天津地域特色。五大道路为典型的"小街廓、密路网"街区，街区尺度约为100米×300米，路网密度高通达性较好，居住区规模适中，配备了学校、教堂、花园、体育场等完整的公共配套设施，形成了宜人的空间尺度和舒适的居住环境，道路尺度适合步行。由于这一区域在规划中为英租界的一等住宅区，因此新中国成立前多为二、三层的带花园独栋小洋楼，现今贴近道路建设的多层集合住宅多为新中国成立初期为解决住宅紧缺的问题建设的，所以当时的五大道地区建筑基本上是远离道路的。住宅建筑多呈独立分布，前面

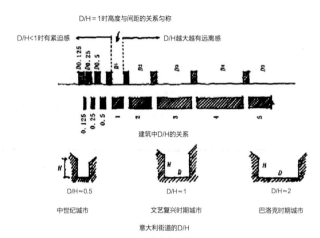

图8-1-4 建筑高度与街道宽度分析（来源：《街道的美学》）

图8-1-5 解放北路近代风貌（来源：网络）

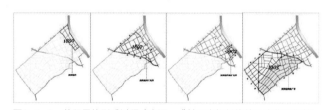

图8-1-6 英租界的形成过程（来源：《基于空间组构的历史街区保护与更新影响因子与平衡关系研究》）

较低矮的围墙，每一户形态各异，在连续中不断变化，并露出后面的形象各异的花园洋房建筑形象。与传统中国的封闭合院式住宅和西方住宅建筑临街而建的形态都有所不同（图8-1-7）。

如仅仅以道路宽度和街道剖面来分析，五大道地区"道

路路面宽度 8~10米，红线宽度 13米~15米。 道路两侧的沿街界面多为不透空的院落围墙，院落进深为6米~11米。"[1] 依小洋楼8米~10米的高度计算，如若不算围墙遮挡，D/H已经达到了3米~4米，可以产生远离和空旷的感觉。但五大道各具特色的围墙和茂密的绿化与花园洋房建筑设计相配合，减少了街道的空旷疏离之感，使人在行走中依然感觉街道尺度亲切宜人。而茂密的绿化、精致的花篱从围墙里伸展出来，不仅给街道增添了不少的生气，更是增加了洋楼和主人的神秘感。这种独特的街道空间设计，是五大道街区独特的街道美学。

对景是将城市外部空间内部秩序化的一种手法，是古典城市规划设计中的经典手法。对景在街道上的应用，也增进了街道的景深与层次。租界内街道空间的对景设计主要为以下两类：

（一）街路尽端轴线上对景

在街道轴线的尽端上设计对景的方式主要出现在重要的控制轴线性道路上。对景产生的源头是路网的设计，道路"丁"字相交从而产生了街道对景。这种形式主要受到了欧洲广场设计的影响。欧洲城市通常是教堂等公共建筑控制着城市的整体布局，教堂前设置广场，城市的各条道路汇集到广场上，形成一种集聚的效果。天津租界区最典型的街道尽端对景就是位于法租界区商业中心地带的福煦将军路(今滨江道)，尽端对景为高大的西开教堂。作为华北地区最大的天主教堂，建筑在街区中的地位也通过这一手法得到彰显（图8-1-8）。

（二）街路转弯处对景

这种对景主要形成于以下建筑与道路关系中：①区域边

图8-1-7　五大道现状街道与围墙（来源：刘婷婷 摄）

---

[1]　刘淼. 天津"五大道"历史街区的空间肌理研究及其在保护更新中的延续与重构[D]. 硕士论文：36.

图8-1-8　滨江道与西开教堂对景关系（来源：《天津原法租界的形态演变和空间解析》）

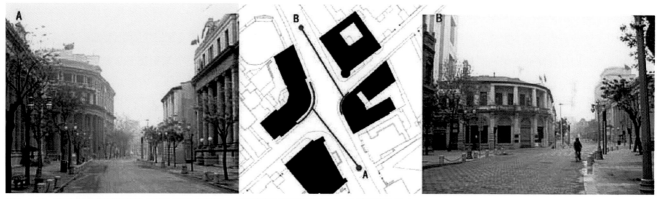

图8-1-9　解放北路原英法租界交界处对景（来源：《天津原法租界的形态演变和空间解析》）

界的路口错位（图8-1-9）。②不同时期租界道路的交界地带。由于当时天津市内租界各自为政，街道和基础设施的规划都在各自小范围内解决，如贯穿英法租界的中街（今解放北路）在英法租界边界的交叉口上就错开了一两米，这种错位虽然给交通带来不便，却在经过建筑设计的处理后为街道带来了有趣的变化。这种情况下的对景建筑通常采用圆弧形，一方面为了使建筑的正立面对着街道，一方面又使错位的路口能够得到较好的过渡，中法工商银行立面上的圆弧处理使得本来错开的两条路得到了十分自然的衔接，也使整条路在空间上产生了有趣的变化。

第二节　天津租界居住建筑分类解析

天津的近代居住建筑，最为人熟知的是各式各样的名人故居"小洋楼"，已经成为天津旅游的一张名片，是城市宝贵的近代历史遗产。这些近代政界、商界、文化街名人故居绝大多数为独户花园洋房，其所代表"洋楼文化"或"寓公文化"，是近代天津乃至近代中国独特的政治文化风貌的反映，具有重要的历史价值，同时，其建筑艺术也体现出天津近代居住建筑中最为精致、优雅的部分。

近代租界尤其是五大道地区更保存有大批里弄住宅建筑，里弄住宅是中国传统居住文化的近现代变革，对于当下的住宅建筑和外部环境设计都有很大的借鉴意义。

天津的高级居住区主要集中在原法、英、意租界。辛亥革命后，除了外国殖民者以外，军阀官僚和民族资本家也纷纷迁往租界区居住，他们不仅建豪宅供自己享用，还经营成片的里弄、联排住在，出租牟利。

英租界推广界新区——五大道地区的居住环境优越，不仅吸引了许多官僚、资本家及下野政客来此建宅或租屋居住，就连原来居住在河北新区和劝业场一带的中上层人士也纷纷迁入。日本发动侵华战争的1937年前后，大量市民涌入租界寻求庇护，也带动了五大道里弄住宅的发展。现今的

图8-2-1　五大道鸟瞰图（来源：《五大道多元建筑文化的魅力》）

五大道历史文化街区内现有23条道路，230余幢各式住宅建筑，几乎涵盖天津近代所有主要居住建筑类型（图8-2-1）。

意租界的道路规整，而且影楼剧场、烟馆剧院都比较少，环境整洁幽静，下野军阀、失意政客纷纷相中这块风水宝地，视其为"世外桃源"，皆纷至沓来，在此兴建了大量的别墅，故此意租界建筑以"花园洋房"或"小洋楼"之类独立住宅为主。除此之外，日租界鞍山道地区、英租界解放南路地区等，也保留有不少设计精美的近代居住建筑。

天津的近代居住建筑数量众多、风格多样，按照居住形态可大致分为独立住宅（花园洋房、小洋楼）、里弄与联排住宅、公寓住宅三类。

一、独立住宅（花园洋房、小洋楼）

独立住宅（花园洋房、小洋楼）是天津近代居住建筑中最为珍贵的历史遗产之一，天津近代独立住宅主要有多样兼容、中西合璧、人文资源丰富三个显著特点：

首先，天津近代独立住宅呈现出从复古的近代折中主义至新艺术、装饰艺术、现代主义及期间渐进变革的各种建筑形式，并时常具有风格兼容的特点。

例如，李吉甫旧居的连续拱券立面和院子里的塔什干柱式体现了浓重的罗马风格意蕴（图8-2-2）；汤玉麟旧宅立面构图严谨又装饰丰富，具有古典基础上的折中主义特点（图8-2-3）；章瑞庭旧居首层前廊入口处为半圆形花厅，大面积玻璃窗采用彩色玻璃拼镶成风景图画，厅内设喷水池，装修精美，按古典划分为几部分的柱子为新的流线形体量，明显受新艺术风格影响（图8-2-4）；徐树强旧居注重简洁几何体量的形体感，全无多余装饰，接近现代主义建筑审美（图8-2-5）。

其次，天津一些近代独立住宅还呈现了西方传统中国传统形式并存的中西合璧特点。这主要出于主人的审美意趣，在对西方文化开放接纳的同时，对于中国传统文化也有很深的感情。

图8-2-2　李吉甫旧居（来源：何易、何方 摄）

图8-2-3　汤玉麟旧居（来源：何易、何方 摄）

图8-2-4　章瑞庭旧居（来源：何易、何方 摄）

位于日租界鞍山道地区的静园，就将中国传统合院式布局与中式传统装修融入西式小洋楼建筑中，建筑整体气氛别具一格。静园占地面积约3000平方米，建筑面积约1900平方米，在1929~1931年曾为清朝末代皇帝溥仪的旧居。主体建筑为砖木结构二层楼房，局部三层（图8-2-6），与大多数西式独户花园洋房不同，在整体布局上，主体建筑与连廊和附属建筑形成了一个方正的合院（图8-2-7），并借鉴传统四合院布局，在东南角设大门，以青石红瓦砌筑，虽为西式风格，但颇得中国传统建筑神韵（图8-2-8）。

主体建筑的底层毛石基座、木质檐廊、拱窗等元素具有欧洲南部传统民居的特点，但室内装修依然具有中国传统建筑特色。门厅使用了传统建筑中的青砖做下碱、地面铺方砖（图8-2-9），部分房间的字画、吊顶、屏风隔断等装修依然采用中式传统元素（图8-2-10）。

图8-2-5　徐树强旧居（来源：刘婷婷 摄）

图8-2-6　静园主体建筑（来源：《天津历史风貌建筑》）

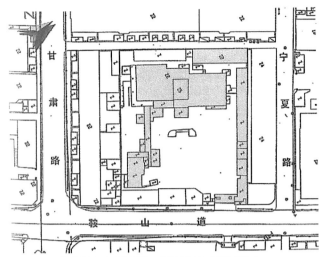

图8-2-7　静园总平面图（来源：《天津历史风貌建筑》）

图8-2-9　静园大厅室内（来源：《天津历史风貌建筑》）

图8-2-8　静园东南角大门（来源：《天津历史风貌建筑》）

图8-2-10　静园室内（来源：《天津历史风貌建筑》）

　　另外，还有一些小洋楼建筑，直接将中式传统元素叠加在西式小洋楼建筑上，形成了这一时期独特的建筑文化景观。

　　鲍贵卿旧宅三层局部退台形成大露台，露台上建有三个风格迥异的亭子，中间为带有简化科林斯柱式的西洋凉亭，东面为中国传统的圆攒尖亭，西面为较简洁的西式凉亭（图8-2-11）。陈光远旧居位于五大道，按照租界规定只能建造西式房屋，但主人在现代的平屋顶建筑上加了一个中式八角凉亭，建筑主体硫缸砖砌筑，形体简洁流畅，窗户局部有装饰艺术派的"V"形装饰，室内也是装饰艺术派风格，鉴

于装饰艺术派有广泛吸收各民族装饰文化的特点，这座八角凉亭可以算是西洋摩登风格与东方传统建筑文化的一次融合（图8-2-12）。

　　最后，天津近代住宅建筑不仅类型、风格多样，更有许多是近代名人故居。

　　由于天津靠近北京，经济繁荣，社会相对稳定，各界名流在动荡年代涌居天津，大量晚清、民国著名历史人物曾在天津留下了寓所、足迹和故事：著名革命家孙中山、周恩来、邓颖超、张太雷等，爱国将领张学良、吉鸿昌、张自忠等，在此留下了从事革命斗争、政治活动和隐居等的历史；

图8-2-11　鲍贵卿旧居（来源：网络）

图8-2-12　陈光远旧居（来源：高金铭 摄）

图8-2-13　梁启超旧居及饮冰室（来源：何易、何方 摄）

及许多民国政要留下他们的各种宅邸。

据不完全统计显示，保存完好的近代名人故居在天津近百座，主要集中于意租界今意式风情区、法租界近中心花园附近许多街区以及英租借五大道等处，仅五大道就有50余座。

这些建筑既与大量其他建筑一样，艺术形式上呈现了风格多样、兼容特征，又具有特殊历史文化意义，成为天津近代建筑文化环境的重要组成部分。一些建筑还可以特殊命名和风格特征的某些巧合引起丰富的艺术联想。

梁启超的书斋"饮冰室"（图8-2-13），命名来自庄子的"我朝受命而夕饮冰，我其内热欤"，意为现在我早上

著名社会与文教、科技革新人士梁启超、李叔同、严复、张伯苓、侯德榜等在此创办新学、宣传新文化、实践科技和实业救国；清朝逊帝、北洋政府五位大总统袁世凯、徐世昌、黎元洪、冯国璋、曹锟及北洋政府的数任总理和国务大臣以

接受使命，晚上就得吃冰，以解心中焦灼，表现忧国忧民之心。或许是一种巧合，饮冰室与其旁边的梁启超旧居两座西式建筑均通体洁白，住宅外廊空灵，书斋形体刚健，似乎能体现主人的风骨和追求。

顾维钧是中国近代著名外交家，周旋于列强之间，在积贫积弱的旧中国竭尽全力维护民族权益。其旧居（图8-2-14）有些类似英国工艺美术运动时期提倡为大众服务的建筑，不求古典的构图的纪念性，双坡顶非对称布局红砖住宅貌不张扬，白色石拱装饰勾勒出有力线条，铁艺局部具有新艺术风格的清新，整体让人可以联想英雄气质中的质朴、刚毅与浪漫。

图8-2-14　顾维钧旧居（来源：刘婷婷 摄）

图8-2-15　李赞臣旧居（来源：高金铭 摄）

同样为红砖建筑，近代"天津八大家之一"的"李善人"后代李赞臣旧居则似乎反映了近代民族资本要同西方并驾齐驱的架势（图8-2-15）。三层住宅严谨对称，中央体量底层入口三联拱门和上面的巨柱更强化了它的气势。在西洋古典和近现代艺术结合之间，柱头、雕刻等细部又有中国民族特点。

二、里弄与联排住宅

在中国城市中，特定意义上的近代"里弄"住宅是中国进入半殖民地半封建社会以后，受西方近代建筑的影响而产生的一种低层联排式住宅，它是东西方文化技术交流的产物，是中国住宅发展史上的一个重要环节。"里弄住宅最早出现在上海，自19世纪末期开始建造，到新中国成立前夕已经成为上海、天津等城市中建造数量最大的住宅类型。"①

关于天津典型的里弄住宅，在本书关于"老城区住宅建筑的发展"的内容中已经加以介绍，其名称核心联系于"里"、"弄"，以及围绕门庭的建筑围合。联排住宅主要指多户连续排列的住宅建筑，可以面对大小街道。事实上，从住宅本身的建筑组合形式看，里弄住宅和联排住宅经常可以有相互交叠的特征。一些并非联系里弄街巷的住宅，习惯上也被称为里弄住宅。近代里弄住宅对天津的当代住宅影响很大，以至于天津建于20世纪下半叶的居住区，大都以"XX里"命名，这种现象直到21世纪初才有所改变。

里弄与联排住宅的出现反映出居住方式适应城市经济、生活的转型，由房地产商开发、出售或出租，所以除少数所谓"花园里弄"住宅外，租界中的此类住宅一般采用沿街多户联排集约布局，每户两个开间向上叠加，同时，遵从中国的传统生活习惯，每户至少有一个小院。在总体平面布局上，这类住宅有多户一字形连续，组成一个完整体量，也有

① 杨秉德. 中国近代中西建筑文化交融史[M]. 湖北教育出版社，230页.

一字连续中各户成"L"形或"U"形，形成体量转折的。

一字联排的住宅组合直接克隆西方近代联排式住宅，各户庭院在临街连续院墙和建筑入口之间（图8-2-16）。由于没有更多形体变化，这种住宅突出立面设计中的横竖划分、材料质感等方面的变化，往往借助传统和各种新颖手法，体现建筑艺术个性。

五大道现存的安乐邨和疙瘩楼两个住宅区为此类住宅，均由意大利鲍乃弟建筑师事务所设计，并且都是国家级文物保护单位。两座建筑立面都大面积采用清水砖墙，安乐邨为红砖，疙瘩楼则是特殊烧制的深棕色疙瘩砖，又都配有混水线角装饰。下大上小各层不同的开窗、窗套，醒目的拱形装饰以及阳台曲线，使建筑形象极富个性，可以说历史感与时代感交织，在折中风格中更具创新品质（图8-2-17、图8-2-18）。

体量转折平面组合的联排住宅在天津近代租界里更常见，并且，其"L"形或"U"形得各户与门庭的关系更像中式传统住宅。它们往往形体变化较多，特别是顶层可能有局部退台，建筑形象往往装饰简单一些，更突出了形体本身和外檐材质特色。这种里弄住宅是近代天津最为常见的一种，现以民园西里为例阐述其设计特点。

民园西里始建于1939年，位于民园体育场西侧的常德道上，由近代中国著名建筑设计师沈理源设计，二层砖木结构，局部三层（图8-2-19）。分为17个门，各门自成院落又连成一体，多坡大筒瓦屋顶，琉缸砖墙面。各单元成"L"形排列，双拼后为"U"形（图8-2-20）。临街转角的突出部分实现对庭院的围合，并设屋顶露台。院墙与建筑均采用深棕色硫缸砖砌筑，形成统一风格，院门采用深色金属门，与整体色彩搭配和谐。

一些用地较为宽松的里弄住宅设计，则是将独栋住宅有规律地组织在一起。"花园里弄"住宅可看作花园洋房与联排住宅之间的过渡形态，作为独立住宅，"花园里弄"并没有宽敞的自家庭院，经常是独立或双户联立的住宅经过类似里弄住宅的道路规划形成组群。建筑密度相对较低，户外有小花园作为庭院绿化。

建于1941年的桂林里为"花园里弄"住宅的典型（图8-2-21），共有29个居住单元。除东西两侧三幢外，整个建筑群均为双联式住宅。三面临街，临街住宅的院门面向街道，在弄口处建造指向街道的汽车房。"L"形弄道和单向的

图8-2-16 疙瘩楼平面、剖面图（来源：《天津建筑风格》）

图8-2-17 安乐邨（来源：何易、何方 摄）

图8-2-18 疙瘩楼（来源：高金铭 摄）

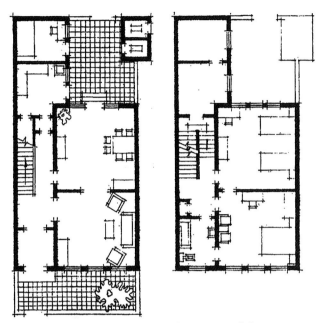

图8-2-19　民园西里平面图（来源：《天津建筑风格》）

图8-2-20　民园西里现状（来源：刘婷婷 摄）

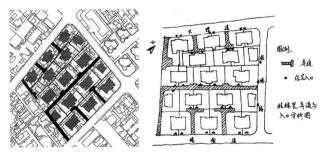

图8-2-21　桂林里平面布置、交通分析（来源：《天津五大道历史街区的空间机理研究及其在保护更新中的延续与重构》）

"T"形弄道深入群体，解决内部住宅的交通。由于居住单元出入口分散布置，减少了各户间的干扰。"品"字形的建筑，前后错列布置，使得房屋在紧凑布局的前提下，日照通风能够得到保证，绿化与建筑相互掩映，使群体空间显得宁静而富于变化（图8-2-21）。

三、公寓住宅

公寓住宅类似现在的集合住宅，在西方伴随"现代建筑运动"解决社会问题的目标大量兴建。在天津出现于20世纪30年代后，大都为一些设计装修考究的高级公寓。天津现存近代公寓住宅有利华大楼（图8-2-22）、香港大楼、民园大楼、茂根大楼等数座，数量较少。

当时的新式公寓户型与组织同当代的集合住宅相似，并配备了齐全的水、电、煤气等公共设施，茂根大楼的主卧甚至还配有专门的独立卫生间。利华大楼各公寓由过厅、客房、会客室、盥洗室、厨房及餐厅组成，设施一应俱全，室

图8-2-22　利华大楼（来源：何易、何方 摄）

内装饰风格现代摩登。

高级公寓住宅的建筑风格也是当时最时髦的,主要为装饰艺术派和现代主义风格。如香港大楼（图8-2-23），该大楼如同典型的现代主义建筑,转角带型窗、方窗、圆窗的布置节奏,使得立面虚实变化灵活生动,红色的砖墙窗框、窗台等细节又能与五大道的整体环境呼应。利华大楼的风格为装饰艺术风格与现代主义风格的结合,建筑主体十层,为钢筋混凝土框架结构,楼板多为现浇密肋板,建筑立面上的大面积玻璃窗与弧线形阳台等具有现代主义的典型特征,同时,材料、色彩的变化,八层以上东、南两面的逐层退进,折线形的屋顶,又与避雷针设计等一起,形成类似装饰艺术派的装饰性细节。

独立住宅、里弄与联排住宅、公寓住宅,是近代天津最主要的三种居住建筑形态,同时也是当代天津乃至当代中国城市中最为普遍的居住形态。公寓与里弄住宅中包含的科学合理的规划思想、精巧布局的室内外空间以及独立住宅精美的建筑细节,对当下中国的住宅建筑设计有非常重要的借鉴意义。

图8-2-23 香港大楼（来源：刘婷婷 摄）

第三节 天津租界近代建筑风格演变

天津市现存近代历史建筑数量众多,据天津市历史风貌建筑办公室统计,"天津市现有风貌建筑746幢、114万平方米,其中特殊级别保护60幢,重点保护级别204幢,一般保护级别482幢。"[①] 所谓风貌建筑,即为被天津市政府确认为展现城市历史风貌的建筑,包括中国传统建筑和西式近代建筑,其中绝大多数为近代建筑,在近代建筑中,租界建筑则在数量上占据了大多数。

一、天津近代租界建筑特色

天津现存的近代租界建筑数量众多,广泛分布在近代天津城市范围内,总结起来大致上有以下几个突出特点:

（一）建筑年代相对集中

天津近代租界的发展主要集中在1900～1937年,相应地,绝大多数租界建筑也是在这一时期建设的。

（二）各类建筑相对集中,呈现群区性

建筑规模宏大的金融建筑主要集中在今解放北路一带,商贸性建筑主要集中在今劝业场一带,仓库建筑则集中在海河沿岸,住宅建筑主要集中在英租界五大道、法租界中心花园、意租界马可波罗广场一带

（三）建筑风格纷呈,建筑艺术多样

天津的近代建筑风格一直是紧随西方潮流的。就西方而言,19世纪建筑主流仍然延续了自身古代传统,但结合不同精神文化追求形成不同倾向,如古典复兴、浪漫主义、折中主义这类"复古思潮"。19世纪中后期的西方,在折中主义复古仍然流行的同时进入较明显的建筑革新时期,主要有英

① 吴延龙. 天津历史风貌建筑·居住建筑卷一[M]. 天津：天津大学出版社, 2010.

国工艺美术运动、以法国和比利时为重要代表的新艺术运动等。20世纪20年代出现了更适应工业时代工艺的装饰艺术派以及越来越简化装饰线脚的普遍性变革，伴随这种变革和风格派、构成派等抽象艺术的影响，突出简明几何形式的现代主义建筑登上了历史舞台。

天津的近代建筑由于受西方建筑流行的各种思潮的影响，形成了典型古典建筑、古典基础上的集仿折中建筑、欧洲中世纪建筑、装饰艺术派、现代建筑等不同建筑风格共存的局面。

（四）建筑材料及建造技术特色突出

除了古典建筑常见的石材装饰外，天津独特的地理环境和水土，形成了独特的建筑材料和建造技术，这些材料和技术在近代租界建筑上得到了充分体现。如硫缸砖厚重的质感和沉稳的色彩，成为天津建筑的标志，其他如清水砖、粗面石材、仿石水刷石、水泥拉毛墙、细卵石墙等材料也很常见，用材料的质感与美感，体现了天津建筑的纯朴与厚重。

二、租界建筑形式风格演变

近代天津的多样复古建筑，有很典型的西洋古典风格，也有中世纪风格，但总体上当归于折中主义建筑文化，并且呈现出更加丰富而多样化的创造性形式，反映了西方近现代建筑的进一步变革。由于多国租界的并存，天津的建筑形式风格呈现了多样性、丰富性、复杂性。从时间发展和风格样式分析，大致可分为早期（1960～1919年）、中期（1919～1930年）、晚期（1930～1945年）三个阶段。

19世纪后期到20世纪初，天津租界建筑还相对简朴，早期的重要建筑主要是领事馆和一些教堂建筑，如1869年在三岔河口修建的哥特式望海楼教堂、1916年在法租界修建的罗曼式老西开教堂等（图8-3-1和图8-3-2）。在宗教建筑大多采用中世纪风格的同时，公共建筑多比较质朴，在一般建造、材料技术基础上自由地结合简单的古典和中世纪装饰元素，也有一些形式同西方向南亚、美洲等地扩张中形成的殖

民地风格相关。

大型早期租界建筑明显带有拥有者所在国家的印记，如华俄道胜银行采用了拜占庭式风格——俄国式穹顶和鲜艳色彩，东方汇理银行则直接用法国本部提供的设计图纸建造（图8-3-3、图8-3-4）。

利顺德饭店是这时期租界建筑的经典案例（图8-3-

图8-3-1　西开教堂（来源：刘婷婷 摄）

图8-3-2　望海楼教堂（来源：何易、何方 摄）

5），建筑立面上的宽阔木构外廊不仅获得了面向原英租界核心景观——维多利亚花园的优美景观、营造出建筑亲切宜人的尺度，更是将建筑的木结构体系延伸到了外立面上。欧洲传统民居长期有通过木结构的构造美感装饰建筑立面的手法，利顺德的宽阔外廊处理又有英国扩张中的殖民地风格特征。原天津印字馆（图8-3-6）也采用英国传统民居的大坡屋顶形式，立面采用了仿半露木结构的竖线条窗洞划分装饰。

1919年前后，租界大规模建设展开，大型银行、洋行、商场、旅馆及其他娱乐建筑、高级花园住宅相继出现。大部

图8-3-3　华俄道胜银行（来源：刘婷婷 摄）

图8-3-4　东方汇理银行（来源：刘婷婷 摄）

分集中在英、法租界的中街、法租界劝业场和英租界新区五大道一带。公共建筑中一时涌现出大量大规模高质量的古典建筑，古典中带有文艺复兴时期民族特色的建筑，古典中带有巴洛克变异特色的建筑以及古典基础进一步集仿、"创新"的折中主义建筑。

天津中期近代建筑（1919~1930年）与西方古典建筑艺术相关的各种建筑风格，大体上呼应着19世纪欧美广泛流行的折中主义建筑潮流。折中主义适应资本主义商业化的广泛要求，意味着在建筑中可以采用任何复古风格来迎合需要，其形式可以类同古典主义和浪漫主义对特定古希腊、罗马、中世纪风格的复兴，用于不同艺术表现需求，也可以把多种风格集合于一个单体并富于形式创造的新颖性。

折中主义也被称为"集仿主义"，在借助各种历史风格的设计中讲求建筑比例、布局、构图，沉醉于传统的"构图"、"装饰形式"与"风格"的美，在世界各地的殖民地城市中影响非常广泛，持续的时间也比较长。

折中主义思潮影响下的各种建筑被大致有较纯正的古典风格、活泼多样的折中风格以及文艺复兴、巴洛克、现代主义等各种思潮影响下的建筑风格。

（一）较纯正的古典风格

较纯正的古典风格的建筑多集中在法租界的中街（今解放北路）上，且多为外资银行、大公司等，活泼多样的折中主义风格在商业建筑中最为典型，多集中在法租界劝业场商业区和解放北路的商业银行中。文艺复兴、巴洛克、现代主

图8-3-5　利顺德饭店（来源：《明信片中的老天津》）

图8-3-6　原天津印字馆（来源：《小洋楼风情》）

义等各种思潮影响下的建筑风格则散落在租界各处。

1917年，法国工部局用沥青重新铺设了中街（今解放北路与哈尔滨道交口附近）。1924年，街道全长四分之三被拓宽到18米。1924年至1925年间，宽12米的万国桥（现解放桥）建成，联系了中街与原老龙头火车站，解放北路的银行建筑建设进入高潮。"19世纪末、20世纪初以来，银行成为万能垄断者，这种特殊的地位必然要在银行建筑上反映出来。为了显示其资本的雄厚，增加对储户的吸引力，银行竞相追求宏大的体量、雄伟的外观、辉煌的内景、考究的用料和精巧的施工。如果说在中世纪，由于宗教有着至高无上的地位，最显赫的建筑是教堂的话，那么，在近代社会，银行则是全部经济活动的中心，金融建筑往往体现一座城市建筑的最高水准。"[①]

外商银行的设计往往采用严谨的古典式，山花、柱式、线脚等一丝不苟，体现出庄严稳重的建筑形象。如原汇丰银行（图8-3-7），外檐正立面花岗石饰面、石砌基座、高台基、完整的爱奥尼克巨柱构图。正中门廊突出，置三角山花。檐口以上还有古典建筑的女儿墙，并在中央加大体量如同凯旋门造型。总的来说，三至四层建筑带地下室、高台基、巨柱式、立面横竖三段式划分，是这些外商银行的"设计通则"（图8-3-8、图8-3-9）。

（二）活泼多样的折中风格

以法租界劝业场商业区为例，劝业场、交通饭店等近代娱乐商业建筑均集中于此。在劝业场商业区中，浙江兴业银行偏重古典式，但有各种变异。入口设于平面弧形转角处，开间加大并采用双柱，有巴洛克特征。成对巨柱式方壁柱间的各层窗洞，一层为文艺复兴式拱窗，二层为希腊复兴风格的山花方形窗洞，三层又变回拱窗，但拱形和其间的立柱远非古典建筑所见形式，檐部的竖向牛腿等装饰细节丰富细腻（图8-3-10）。

劝业场和交通饭店是位于对角的两座建筑，在立面上有许多相似之处，如均为石材贴面，建筑转角处的45°抹角设计、顶部的多边形塔楼设计、拱形窗洞设计等，但细节处的各种不同处理方式使建筑风格有明显的差别。

劝业场大楼是建国前天津最著名的商业建筑（图8-3-11），至今仍是天津商业区的标志性建筑。建筑为框架结构5层楼房，局部为8层，塔楼高耸。劝业场的立面形式上已经基本摆脱了严谨的三段式构图，立面划分层次丰富。建筑以仿古典的薄壁柱划分开间单元，开三联窗，窗坎墙处饰有精美浮雕。建筑立面强调简洁笔直的竖线条，又在阳台处利用栏杆、宝瓶、牛腿等古典元素进行装饰，构成复杂的立面视觉效果，是折中主义商业建筑的经典案例。

图8-3-7　原汇丰银行（来源：王倩 摄）

图8-3-8　原横滨正金银行入口（来源：何易、何方 摄）

图8-3-9　建筑现状（来源：王倩 摄）

① 赵津. 天津金融街的建筑文化[J]. 城市史研究，1998.

图8-3-10 浙江兴业银行外观与细部（来源：王伟 摄）

图8-3-11 劝业场（来源：何易、何方 摄）

图8-3-12 交通饭店（来源：刘婷婷 摄）

老交通饭店（图8-3-12）装饰更简洁有力，也更为几何化。立柱上方以拱形结尾，又以弧形向外突出形成檐口，这一部分被饰以明亮的金色水波状纹样，五层阳台板下的水平装饰线角增加了立面的层次，檐口鲜艳的色彩和层层后退的几何形装饰造型体现了装饰艺术派的影响，但底层的基座形态、中段类似巨柱的线条以及连续的檐部，又使整体构图具有古典痕迹。

（三）文艺复兴、巴洛克、现代主义等各种思潮影响下的建筑风格

偏向各国文艺复兴，以及巴洛克等风格的近代折中主义建筑也非常常见，如今原天津工商学院经典的法国文艺复兴式梦莎屋顶（图8-3-13）。原英国俱乐部的弧线形外墙不拘一格，其立面上拉长比例的柱式、断山花等元素具有巴洛克建筑风格的特点，单双柱的变化也比较有特色（图8-3-14）。

20世纪20、30年代在欧洲正好是各种新思潮层出不穷的年代。天津作为远东的重要大城市，自然也受到了影响。

除了以古典为基础的折中主义风格外，天津的建筑在风格上体现出明显的多样性，受到了当时西方流行的分离派、装饰艺术派、现代主义思潮的影响。

解放北路的原华比银行（图8-3-15），在设计中就舍弃了柱头、三段式等附近银行建筑恪守的准则，仅保留建筑檐口的简单线脚，采用立面贴大理石的方式表达建筑的奢华感，转角处采用圆弧处理，建筑整体风格偏向现代主义。坐落在解放北路和海河交叉口的原百福大楼（图8-3-16），其屋顶起伏不断的船形装饰就颇有象征主义的意味，建筑平面上弧形的阳台设计和檐口的花朵形装饰也颇有新艺术运动

图8-3-13　原天津工商学院（来源：《小洋楼风情》）

图8-3-14　原英国俱乐部（来源：赵颖 摄）

图8-3-15　华比银行（来源：冯驰 摄）

图8-3-16　原百福大楼（来源：《小洋楼风情》）

的风格特征，建筑设计明显受到了新思潮的冲击。

　　20世纪30年代之后的天津，复古建筑仍然出现，但追随西方的进一步变革，更新颖的建筑也出现了。受欧美的装饰艺术派和现代主义思潮的影响，建筑师们许多时候抛弃了折中复古的设计手法，取而代之的是较为简洁、自由、富有体积感的摩登手法。这类建筑的典型有简洁地反映了框架结构立面形式特点的利华大楼、突出几何形体变换美感的渤海大楼、突出简洁立面装饰线条和浮雕带的中国大戏院和新华信托银行、典型装饰艺术派风格的法国俱乐部等。第一次世界大战后，西方建筑界的新思潮层出不穷，表现派、风格派、构成主义、装饰艺术派（Art Deco）、现代主义等纷纷登上历史舞台，成为20世纪中叶的建筑主导潮流。其中，装饰艺术派和现代主义在天津近代建筑中得到了充分表现。天津的现代主义建筑更多体现在一些独户花园洋房的设计上，就公共建筑而言，装饰艺术派较现代主义更为流行。

　　西方联系工业时代新材料的新型装饰艺术始于19世纪后期的新艺术运动。典型的新艺术运动铸铁花饰以植物藤蔓的曲线著称，富有动感。各种其他材料如大理石、石英石、水泥、木材以及陶瓷、玻璃、马赛克等装饰，也带有自然主义特征，常模仿花卉、海浪、贝壳等，并有各种鲜艳的色彩。"装饰艺术派"（Art Deco），在新型装饰意义上延续了新艺术运动，但更具工业化特征，一度也称"摩登（现代）风格"，与"现代主义"的简明几何艺术分庭抗礼。它结合了因工业文明而兴起的机器美学，新的装饰更突出几何图案和线条，如扇形辐射图案、齿轮形图案，折线和流线线条等，色彩也非常丰富。同时，19世纪末以来的各种建筑形体创新，以及西方之外的非洲、美洲和东方文化的影响也渗透于装饰艺术派的建筑创作中。

　　装饰艺术派在西方的发展大体可分沿时间顺序出现、相互补充的三种特征：华丽的局部装饰图案时期，在此基础上突出特定建筑形体的折线形装饰艺术风格以及流线型的装饰艺术风格。

　　1925年举行的巴黎国际装饰艺术与现代工业博览会是装饰艺术发展的里程碑，也是装饰艺术风格走向国际的开端

（图8-3-17）。巴黎装饰艺术博览会的展馆以及室内设计体现了法国的贵族化设计传统，采用了许多昂贵的材料，但设计手法是全新的，如阶梯状、放射形、圆形以及各种各样可用尺规把握的新型装饰图案（图8-3-18），此类装饰图案向各处传播，被视为Art Deco的经典。

　　位于今解放北路的原天津法国俱乐部是运用装饰艺术派图案的典型之一。街角上的门廊层层内收呈叠涩般线脚，并具有同金属门结合一体的装饰，镂空花饰金属门上半部是花饰玻璃。刚劲精美的纹饰体现了工业化时代的装饰性格（图8-3-19）。与它处于十字路口对角线的原新华信托银行（图8-3-20），也突出了街角门廊，大门和各层窗坎墙的装饰，也是典型的装饰艺术派图案。

　　巴黎博览会的艺术装饰风格的图案令人惊羡，同时，其建筑也体现了对新型形体的追求。这种风格传入美国，在20世

图8-3-17　法国早期艺术装饰风格（ArtDeco）建筑（来源：《Art Deco的源于流》）

图8-3-18　装饰艺术派经典装饰图案（来源：网络）

图8-3-19　原法国俱乐部入口（来源：刘婷婷 摄）

图8-3-20 新华信托银行立面装饰（来源：刘婷婷 摄）

图8-3-21 渤海大楼（来源：杨伟光 摄）

纪 30年风靡一时。它的艺术手法被用在高大建筑中，发展出多层建筑和摩天楼的折线形摩登风格。这种风格的典型特点是在建筑顶部设计跌落式的、逐渐收分的形体，形成极富动感的阶梯状折线，"折线形"这个词就是由此而来。但后来的"折线形Art Deco"成了一个比较宽泛的概念，凡是局部或某些装饰细节中出现了阶梯状、放射形、"V"形等形体的建筑，被统称为折线形Art Deco，区别于后期的流线型装饰艺术风格。

天津一些建筑明显有典型艺术装饰风格（Art Deco）的装饰细节，另一些或许装饰简洁一些，但形体设计明显受到折线形Art Deco影响，尤其是整体或核心体量点状高耸的建筑，如渤海大楼（图8-3-21）、新华信托银行、百货大楼、原意租界回力球场（图8-3-22）、原法租界海关大楼等，建筑在转角处或正中有折线形收分、层层内收的塔楼，立面注重用竖向线条表达高耸感，且注重材质或色彩的区分，喜欢用鲜艳色彩的装饰等。

意租界回力球场（图8-3-23）立面上的人物运动造型浮雕带引人注目，但更突出的是建筑设计注重几何形体，整齐排列的高耸壁柱及其产生的阴影赋予建筑厚重的体量感，转角设逐渐收分的八边形塔楼。原法租界海关大楼的塔楼转角处理与此类似（图8-3-24）。

20世纪30~40年代，装饰艺术派出现了另一种设计倾向，在经济发展相对低迷的时候，发展出了一种减少奢华装

图8-3-22 原回力球场老照片（来源：《明信片中的老天津》）

饰同时又具有吸引力的装饰造型风格。采用流线型设计的各种建筑、日用品、家具等很具有未来感，配合金属和玻璃材质的适度使用，令人耳目一新，在当时很受欢迎。

　　天津的流线型风格大多与折线形风格同时出现，并融合一体，建筑既有折线形中的阶梯状、放射形、V形、竖向装饰线条、水平浮雕带等造型元素，局部又有水平向的曲线流动特征，如犹太教堂（图8-3-25）、中国大戏院等（图

8-3-26）。这些建筑喜欢在建筑的转角处采用流线的处理手法。同时，天津有一批住宅建筑也是类似的装饰艺术风格，如五大道的茂根大楼、孙季鲁旧居（图8-3-27）、陈光远旧居、陶氏旧居（图8-3-28）等。

　　天津近代租界的规划和建筑，体现出更为明显的追随西方建筑潮流的特点，租界因免于近代战火，建筑保留数量众多，且往往为完整的街区，形成了风貌连续的"万国建筑

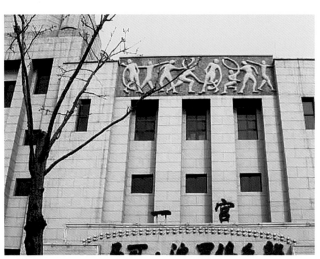

图8-3-23　回力球场浮雕带图（来源：刘婷婷 摄）

图8-3-24　原法租界海关（来源：《小洋楼风情》）

图8-3-25　犹太教堂（来源：刘婷婷 摄）

图8-3-26　中国大戏院（来源：王伟 摄）

图8-3-27 孙季鲁旧居（来源：高金铭 摄）

图8-3-28 陶氏旧居（来源：高金铭 摄）

博览会"的城市特色。这些近代建筑不仅是中国近代史活生生的教材，也可以称得上是"西方近代建筑史"活生生的教材，天津这座城市"中西合璧"、"开放兼容"的城市风格也来源于此。从中国第一代建筑师"师从西方"、学习西洋建筑，时至今日已近百年，中国当代建筑师更应以借鉴和批判的眼光学习这些近代建筑的优点，取其精华、去其糟粕，发展出符合当代社会的建筑语汇，开拓创新，为中国设计在世界的崛起贡献力量。

第九章 近代建筑空间与元素解析

天津近代众多设计施工精美的公共、住宅建筑在建筑空间营造上有许多可资借鉴的空间处理，许多建筑造型、装饰方面的形象元素更有丰富的审美与历史情趣，为延续天津城市特色、丰富天津当代的城市景观提供了丰富的可借鉴、可传承的素材。在建筑特色方面，居住建筑与公共建筑因尺度、功能的不同有较大差异，遂本章分居住、公共建筑两大部分解析天津近代建筑的独特空间特色与装饰元素。

第一节　居住建筑部分

就建筑空间看，在近代三大类居住建筑——独立住宅、里弄与联排住宅和高级公寓中，独立住宅空间最为丰富，但不太适应当代国情；高级公寓风格摩登，它们是当代集合住宅的前身，由此延续至今的设计经验非常丰富；里弄与联排住宅为天津近代的大众住宅，其中一些空间经验，对当代住宅内外空间组织有相对重要的借鉴价值。

一、最具近代特色的里弄住宅

前文曾经阐释，天津此类住宅有典型的里弄住宅。它们"闹中取静"，结合里弄营造层层递进，围合感强的居住环境。一些联排住宅也具有里弄住宅设计特点。综合来看，从中可归纳出两个显著特点：① 空间环境幽静私密；②建筑密度高、用地省。

在居住环境的创造上，典型里弄住宅形成了一个有效的体系——逐级过渡的空间层次，保证了居住环境的幽静斯密。从城市干道到住宅本身，可分为城市公共空间、弄内公共空间、住宅门庭庭院三个层次：

城市公共空间是城市干道及其联系的活动场所。弄内公共空间为本里弄居民集体共享，具有不受外界干扰的居住氛围，使居民产生领域感、归属感，同时又可形成密切而融洽的邻里关系（图9-1-1）。住宅门庭庭院通过院墙和标志性大门，把弄内的公共活动和住宅家庭内部户外活动分开，进一步分出私家领域（图9-1-2）。

在典型里弄住宅布局中，由城市街道进入户内要经过几次转折。从里口不能直视弄内住宅本身，只能看到弄巷转折处的住宅围墙，常配以爬藤或植物作为底景，像是传统四合院大门内的影壁。有时还在里口作门洞或过街楼，形成里弄入口的标志，加强了里弄分区的领域感，同时也告诉行人

图9-1-1　里弄住宅前后院建筑（来源:刘婷婷 摄）

图9-1-2　里弄住宅门庭庭院（来源:刘婷婷 摄）

"不能穿行"。

一些里弄有的采用封闭袋形的里坊式布局，由建筑与围墙围合成坊院，形成里弄内的封闭空间，中心布置绿化。在住宅密集的沿街里弄，常把沿街的周边建筑作为里弄的边界，形成内向的一圈建筑屏障，周边式建筑的内部再成"里弄"街巷，以保持内部的安静，如生牲里、安乐邨（图9-1-3、图9-1-4）。

在提高建筑密度，节省用地方面，近代里弄建筑简直为当代居住建筑设计提供了一个经典的样本。天津二、三层楼的里弄式住宅建筑密度一般达 40%～55%。即使标准高的花园里弄住宅区段，其建筑密度也常达32%左右。[①]节约用

---

① 刘淼. 天津五大道历史街区的空间肌理研究及其在保护更新中的研究和重构[D]. 天津大学硕士论文.

地，尽可能提高居住密度，在当时也具有重要的商业意义。在低层高密度住宅群体和单体设计方面，里弄住宅的一些处理取得了良好效果：如降低后檐高度及跌落处理、斜向、错落布置建筑、过街楼的利用等。

降低后檐高度及跌落处理(图9-1-5)——里弄住宅一般都在前部设主要用房，后部设辅助用房,常将集中于后部的辅助用房和次要用房的净高减小,造成后檐高度降低， 或者采用北侧跌落退台的方式减少日照遮挡。

斜向、错落布置建筑——根据天津的地理气候条件，南偏东的里弄房屋布局可节约用地，改善小间距日照条件。

过街楼的利用——沿街里弄或两里弄建筑山墙之间,利用其上部空间建造过街楼,底下为弄内交通,楼上为住宅,用占天不占地的方法,提高土地利用率（图9-1-6）。

另外，还有一些设计手法在今日来看，依然适用，譬如：

辅助用房集中于底层——住宅底层设计为半地下或地下室，主要居室设在上部，日照条件可得到一些改善。

加大房屋进深——里弄住宅的进深一般为15米,最大的可达 20米，可在建筑间距不变的前提下，提高建筑密度。一些凸凹平面与形体处理满足多数房间采光。

住宅设置前后院——前后幢建筑物之间留出必要的弄巷宽度，剩下的空地布置住宅的前院和后院，没有多余地块。

随着建筑技术的进步和人们对居住要求的提高，用地效率更高的高层住宅逐渐成为当代居住建筑的主流。但这些传统建筑宜人的尺度、朴素的形式反倒越来越受到人们的追捧。所以近年来，五大道地区的民园西里、先农大院等里弄住宅区先后进行了改造，变身为休闲时尚街区，成为天津城市生活的一个亮点和特色。

图9-1-3　生牲里总平面（来源:《天津五大道历史街区的空间肌理研究及其在保护更新中的延续与重构》）

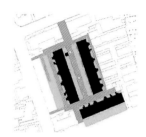

图9-1-4　安乐邨总平面（来源:《天津五大道历史街区的空间肌理研究及其在保护更新中的延续与重构》）

图9-1-5　建筑顶层北侧退台（来源:刘婷婷 摄）

图9-1-6　建筑入口过街楼（来源:刘婷婷 摄）

二、风格形象语汇

天津近代居住建筑借鉴了以西方历史上的多种建筑风格，又不乏中西合璧的独特建筑。前面章节曾分析这些住宅的风格特点，但更深入看，天津近代住宅很少有采用哪种典型历史风格的，更是综合折中、集仿创新地利用各种风格、不同部位的形象语汇。本书联系各种风格来解析近代居住建筑时，主要从屋顶（包括山花、女儿墙、塔楼），门廊，柱式，门窗洞口（包括立面上的券廊）四个方面的形象语汇来分析。

（一）屋顶（包括山花、女儿墙、塔楼）

屋顶的形式对建筑风格往往具有决定性的影响，也是人在观赏一座建筑时最先注意到的建筑符号元素。天津的近代居住建筑以坡屋顶为多，形式多样。立面呈现平屋顶形象的建筑主要有两类：一类以古典为基础，另一类是联系于装饰艺术风格或现代式样的。平屋顶古典形式在意租借较多，常为宝瓶女儿墙，其中不少还带塔楼（图9-1-7、图9-1-8）；20世纪30年代后的许多住宅突出几何形体美，也往往呈现平顶体量。不过，借鉴Art Deco折线形风格的建筑，往往在平屋顶上进行阶梯状高差处理（图9-1-9、图9-1-10）。

坡屋顶按坡度分有缓坡和高坡，按组合分大致可分为双坡和四坡，还有双坡和四坡结合、坡顶和平顶结合等多种形式，有的建筑还设计有多边形塔楼以丰富形体。在风格方面，缓坡呈现南欧情调，高坡反映北欧意趣。这些情况使天津近代居住建筑虽然数量众多，但造型上绝少雷同。

高坡双坡顶最突出的是山面临街形象，形式源于欧洲北部中世纪拥挤的城市建筑。此类双坡屋顶如下图所示（图9-1-11）。

在这样的双坡屋顶中，有些仿照了更具中世纪城乡历史感的半露木结构形象，如德租界某建筑（图9-1-12）、徐氏旧居（图9-1-13）、卞万年旧居等（图9-1-14）。

另外还有一些双坡突出高起的山墙效果，如达士文旧居（图9-1-15）和赵以诚旧居（图9-1-16），达士文旧居通

图9-1-7　意租界平屋顶小洋楼1（来源：高金铭 摄）

图9-1-9　装饰艺术风格小住宅（来源：网络）

图9-1-8　意租界平屋顶小洋楼2（来源：《小洋楼风情》）

图9-1-10　折线形退台处理小洋楼（来源：高金铭 摄）

图9-1-12　半露木结构小洋楼（来源：高金铭 摄）

图9-1-13　徐氏旧居（来源：刘婷婷 摄）

图9-1-11　典型双坡屋顶小洋楼（来源：高金铭 摄）

图9-1-14　卞万年旧居（来源：《小洋楼风情》）

过拉毛混凝土墙面和山花设计营造了独特的欧式风情；而赵以诚旧居通过坡屋顶和山墙的设计，配合硫缸砖的质感，使中国传统建筑的风格特征得以延续。

典型的四坡屋顶常常用于法式古典风格建筑，在天津居住建筑中多为缓坡屋顶，常见于某些设计比较工整的建筑，如张学铭旧居（图9-1-17）、张绍曾旧居等（图9-1-18）。法国南部有南欧地中海风格，中北部则是诺曼人带来的北方高坡风格，在天津保存众多的近代居住建筑中，这些风格均曾被借鉴移植到租界区的小洋楼设计中来。

一些坡屋顶形象并非追求特定风格的结果，而是在设计中综合考虑建筑立面效果和建筑形体组合趣味性的结果。如顾维钧旧居建筑仅在入口处设计双破屋顶以示强调，主体为带有小披檐的平屋顶，形体变化较为活泼（图9-1-19）；

李勉之旧居 处于道路街角处，一层的八边形起居室是建筑较为亮眼独特之处，形体组合丰富(图9-1-20)。

塔楼是近代居住建筑设计中常用的元素，一般为多边形或圆形，在设计中往往成为一座建筑的视觉焦点（图9-1-21）。

图9-1-17　张学铭旧居（来源：高金铭 摄）

图9-1-15　达士文旧居（来源：王令强 摄）

图9-1-18　张绍曾旧居（来源：高金铭 摄）

图9-1-16　赵以诚旧居（来源：网络）

图9-1-19　顾维钧旧居（来源：刘婷婷 摄）

（二）门廊

不像中国传统居住建筑，院门内的住房建筑多环绕内庭——没有屋顶的住宅内部环境，入口往往处理简单，隐于更突出"灰空间"意义的檐廊下。天津近代"小洋楼"、"花园洋房"之类独立住宅作为西方文化舶来品，自身形体

图9-1-20 李勉之旧居（来源：刘婷婷 摄）

图9-1-21 塔楼设计（来源：《小洋楼风情》）

集中，周围庭院更具外部环境感。住宅的入口门廊就像中国传统院落的大门，具有更重要的内外空间过渡以及近距离内给人深刻印象的意义，成为在立面上重点处理的一部分。即使一些建筑入口采用了柱廊，其主要作用也在于古典的艺术效果，而不是中国传统建筑那种让人停留的场所。

天津近代独立住宅入口门廊类型多样、风格各异，丰富多彩。最简单的入口只有一个开间，突出纵向前行的空间特征，向内引导性强，并且小巧玲珑。其中可见有柱子和墙体支撑的、顶棚出挑的各种结构类型，主要为古典和传统民居风格（图9-1-22），部分体现出较为新颖的新艺术运动或装饰艺术派等各种风格（图9-1-23、图9-1-24）。

以三间最常见的多开间的门廊显得更有气魄，以窄长的横向矩形突出于主体之外，在门口外产生更强的空间领域感。形式风格与单开间门廊一样丰富多彩，不过，由于比较宽，通常不用山面朝外的双坡顶作为门廊顶棚。这类门廊的代表有梁启超的"饮冰室"和许氏旧居等（图9-1-25～图9-1-27）。

多开间门廊的一种形式是做成弧形，产生更有趣的曲线与相应空间，起到更强的视觉中心作用，它们的形式以古典式样居多。訾玉甫旧居（图9-1-28）、潘复旧居（图9-1-29）等许多住宅采用了这种门廊。

许多住宅的门廊还采用上下结合或向上延伸的方式突

图9-1-22 单开间门廊（来源：《小洋楼风情》）

图9-1-23　某新艺术风格雨棚（来源：网络）

图9-1-24　张学铭旧居玻璃雨棚（来源：何易、何方 摄）

图9-1-25　饮冰室门廊（来源：网络）　　图9-1-26　徐氏旧居门廊（来源：何易、何方 摄）　　图9-1-27　多开间门廊（来源：《小洋楼风情》）

图9-1-28　訾玉甫旧居门廊（来源：高金铭 摄）　　图9-1-29　潘复旧居门廊（来源：高金铭 摄）

出高耸。最一般的是两层通高外廊。更有特色的是上层设计以突出中央体量空灵、高耸的方式配合底层入口，如在拱券之类具有厚重实体感的门廊上方作柱廊，甚至可以有二、三层通高。还有些入口虽然位于西侧，但中央上方的设计，突柱廊、拱廊，同样突出了入口效果。后两种设计也可以称之为门廊空间的延伸或变异吧，如张自忠旧居等（图9-1-30）、颜惠庆旧居（图9-1-31）。

筑用常在整体上利用柱式的严整 构图取得庄重地效果，在住宅中，柱式则远为灵活，除了一部分也突出整体构图的，还有大量更具局部装饰性的，与其他形象要素的配合及自身形象变化多端。

在各种变化中，类似中世纪早期罗马风和文艺复兴后的巴洛克艺术的很常见。前者用古典形象的柱子相对自由地配合了拱券，但横向的檐部不明显，而这两者都有麻花或绳纹之类柱身形象（图9-1-32～图9-1-34）。

柱头的形象也更多地融入了民族装饰纹样，如下图李赞臣旧居的六边形立柱，柱础为传统装饰纹样（图9-1-35）；

（三）柱式

西方建筑传入中国后，欧洲古典柱式广为流行。公共建

图9-1-30　张自忠旧居（来源：高金铭 摄）

图9-1-31　颜惠庆旧居（来源：高金铭 摄）

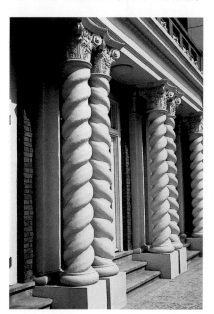

图9-1-32　某近代建筑绳纹柱（来源：何易、何方 摄）

图9-1-33　纳森旧居局部（来源：何易、何方 摄）

图9-1-34　顾维钧旧居入口（来源：《小洋楼风情》）

段祺瑞旧居的柱头装饰有传统的中国结意向（图9-1-36）；刘髯公旧居的柱头装饰为四瓣梅花（图9-1-37）。

还有许多建筑，利用了古典建筑柱础、柱身、柱头组织与比例，但结合近现代建筑艺术发展和审美，形象上更显示为材料质感和几何体块的变换。这类处理，在公共建筑中也很常见。

（四）阳台、门窗

在天津近代独立住宅中，门窗洞口的装饰极为灵活多样，形象元素变化多端。不过，许多装饰元素过于繁复，对当代建筑设计的借鉴意义非常有限。在各种历史和近代风格

杂合的装饰形象中，本书仅从基本类型角度分类阐释。

建筑中的阳台，一般可有内凹和外凸的。内凹者经常形成廊道，包括前面关于门廊一节谈到的特征。它们形式上以借鉴西方传统的最富特色，除古典柱式的梁柱构图形象外，也常见古典的或古典与中世纪结合的半圆拱联拱廊，而体现中世纪建筑艺术高峰的哥特尖拱相关装饰，更显得活泼自由（图9-1-38）。

凸阳台最基本的是矩形，包括上层退进形成的屋顶平台（图9-1-39），更活泼的形式是平面采用弧形及其组合的。它们的护栏主要有古典线脚关系与宝瓶栏杆的，亦即近代装饰线脚的两大类（图9-1-40）。

图9-1-35　李赞臣旧居（来源：何易、何方 摄）

图9-1-36　段祺瑞旧居的柱头雕刻（来源：何易、何方 摄）

图9-1-37　刘髯公旧居（来源：何易、何方 摄）

图9-1-38　拱窗（来源：《小洋楼风情》）

图9-1-39　卞氏旧居阳台（来源：《小洋楼风情》）

图9-1-40　疙瘩楼阳台的设计（来源：何易、何方 摄）

联系于砖石砌体承重，西方传统建筑的窗洞通常是竖向的，具体开洞则有独立、双联、三联，甚至多窗连续等多种。洞口平开或成拱，装饰形象本身则可以有古典、中世纪、巴洛克、近代线脚等多种，多窗连续常有联拱廊式处理，其他经常显示为砖石墙面加凸出的窗套（图9-1-41）。

在体现向现代建筑艺术发展的住宅中，出现了角窗。它们往往饰以简单线脚，有时结合突出的墙垛、窗台、雨棚等，发生材料、色彩以及局部几何装饰体块变化（图9-1-42、图9-1-43）。

图9-1-41　窗套设计（来源：《小洋楼风情》）

图9-1-42　转角窗（来源：《小洋楼风情》）

图9-1-43　孙氏旧居转角窗（来源：何易、何方 摄）

三、材料装饰语汇

　　天津近代住宅外墙用材和艺术效果也非常丰富。除了一般的红砖、灰砖外，天津当地特产的深褐色硫缸砖，色彩沉稳，部分过火砖砖面还有琉璃"疙瘩"效果。而在石材及其类似效果的处理中，水泥砂浆和混凝土也占据了一席之地。在现代建筑运动之前，混凝土结构，特别是现代建筑中广泛运用的框架结构已经出现，但传统艺术的力量，仍常使19世纪末到20世纪初的混凝土结构建筑被罩在各种新旧装饰形象之内。基于水泥出现的一般混水抹灰、水刷石、斩假石、拉毛水泥砂浆等各种新兴建筑外墙装饰做法，与砖结合，也成了常见的材料装饰语汇。归纳起来，天津住宅建筑的材料装饰语汇从简单到复杂大致可分为以下三种：

（一）由一种材料主导，如砖、石材或拉毛水泥砂浆

　　拉毛水泥砂浆（图9-1-44）作为一种新兴的建筑饰面做法，呈现了新颖的个性。如孙氏旧居和达士文旧居，建筑外檐采用这种装饰处理，刷米黄色墙面漆，形成了独特的温馨感和质感。而具有最多样化表达方式的材料，还是天津当地特产的砖。

　　闻名遐迩的"疙瘩楼"（图9-1-45），是采用砖窑在烧制时产生的过火砖作为立面装饰元素的突出例子。在五大道，类似的建筑还有原伪满洲国领事馆等，这种特殊的外檐墙面做法，很富于天津近代地方的特色。

　　砖墙的装饰性，还可以采用颜色的混搭和砌筑方式的不同体现出来。如睦南公园旁的徐树强旧居（图9-1-46），是一座平顶的现代主义建筑，外檐全部采用砖墙饰面。建筑主体为深红色，基座采用深咖啡色，在窗套、腰线等位置又用深咖啡色砖形成装饰条，配合着流线型的外观设计，使建筑形象沉稳中不乏精致。

（二）由两种材料主导，典型如砖和混水墙面的搭配

　　砖和混水墙面的搭配在近代建筑中是最常见的。清水砖墙饰以混水装饰线条或混水墙面饰以砖砌线条，都是经典的装饰做法，如陈光远旧居（图9-1-47）、桂林里等（图9-1-48）。

　　其他材质如砖与石材、水刷石与混水抹灰、砖墙与半露木结构的搭配，也非常常见。水刷石是天津近代建筑中比较有特色的材料，具有质朴、亲切中带有粗野的特质，常常与细腻的抹灰墙面搭配，互相映衬（图9-1-49）。砖与木的搭配则更为经典（图9-1-50），深色的硫缸砖配合坡屋顶，与山墙精巧的木结构一起营造出了宜人的居住环境。

　　在此处值得一提的是，五大道许多住宅建筑的围墙砌筑方式，体现出比建筑立面更强烈的趣味性。李氏旧居的围墙用砖和米黄色混水墙构成，材料与建筑相同，但在围墙上砌出了复杂的"回"字形图案（图9-1-51）；香港大楼的围墙与建筑同为红砖与白色混水墙，互相穿插交错的图案比较大胆，也隐喻了建筑的虚实形体关系（图9-1-52）。

图9-1-44　拉毛水泥砂浆（来源：《小洋楼风情》）

图9-1-45　过火硫缸砖（来源：《小洋楼风情》）

图9-1-46　深红色硫缸砖（来源：《小洋楼风情》）

图9-1-47 陈光远旧居（来源：刘婷婷 摄）

图9-1-48 桂林里（来源：何易、何方 摄）

图9-1-49 李勉之旧居立面材质（来源：刘铧文 摄）

图9-1-50 卞万年旧居墙面木骨架（来源：高金铭 摄）

图9-1-51 李氏旧居围墙（来源：《天津历史风貌建筑》）

图9-1-52 香港大楼围墙（来源：《天津历史风貌建筑》）

（三）由三种或三种以上材料主导

天津的近代居住建筑在外檐的设计和材料的搭配上，不乏一些数种材料并置般的案例，如吴颂平旧居（图9-1-53），旧居由他本人设计，外檐自下而上采用了砖、水刷石、混水墙三种元素，又大胆地将天然石材砌筑在建筑的墙体上（图9-1-54），虽然一眼看过去有一些杂乱，但细品能感受到多样材料带来的自然随机杂合的情趣。

类似这样的案例还有许多，五大道住宅区作为一处近代高级居住区，其区别于当代建筑的历史感，一定程度上就体现在这些多彩、自由的材质搭配的趣味中，如徐世章旧居、李氏旧居、周志辅旧居等。李氏旧居基础部分为水刷石，一层为砖墙，二层为米黄色混水墙面（图9-1-55）；李勉之旧居的八角形起居室部分自下而上就采用了石材、水刷石、混凝土水泥三种材料（图9-1-56）；庆云里的里弄住宅

图9-1-53　吴颂平旧居立面材质（来源：刘铧文 摄）

图9-1-54　吴颂平旧居细部（来源：《天津历史风貌建筑》）

图9-1-55　李氏旧居立面材质（来源：《天津历史风貌建筑》）

图9-1-56　李勉之旧居局部材质（来源：《天津历史风貌建筑》）

（图9-1-57）和周志辅旧居（图9-1-58），以砖为立面的主材质，在顶层窗上皮至屋檐的部分采用干粘石饰面，同时以混水材料装饰窗套、阳台等细节，获得精致典雅的立面效果。

这些材料搭配丰富的住宅建筑，体现建筑拥有者和设计师对个性的追求和对时代性的表达，但与大多数现代主义影响下注重简洁高效的当代住宅立面相比，其立面构图显示了古典三段式的影响。砖、石、混凝土、水刷石等材料组合形成上、中、下的三段式构图，又不采用三段式的古典比例和繁琐的装饰语汇，体现出从古典建筑到现代建筑过渡时期的装饰特征。

图9-1-57　庆云里的檐口设计（来源：《天津历史风貌建筑》）

图9-1-58　周志辅旧居檐口材质（来源：高金铭 摄）

第二节　公共建筑部分

天津近代公共建筑既有宏大壮观的内部空间、外部造型又配合以精美装饰，并一起多样性地营造出近代天津的建筑艺术氛围，其中装饰元素又分为风格形象语汇和材料装饰语汇两大类。

一、恢宏多样的室内空间

天津在古代为一座繁华的商业城市。民国初年，因为社会动荡，大小商号逐渐由老城厢东门、北门附近向日租界旭街转移。"九一八"事变前后，又纷纷迁到法租界"梨栈"大街（今劝业场）一带，一批著名的商场、影剧院、中西餐厅和旅店竞相在这里出现。新的建筑形式带来的全新的建筑空间，这时期，天津的公共建筑空间逐渐现代化，出现了许多精彩的设计案例。

1936年建成的中国大戏院，是当时国内规模最大、设备最新的剧场，有两千个席座；戏院外观为装饰艺术风格，室内空间布局与装饰风格也传承了这种注重几何感的风格。室内柱廊以简洁的折线形式模仿传统建筑中的雀替等构件，呼应"中国"剧院的主题（图9-2-1）。剧场和楼座为当时少见的钢筋混凝土大跨结构，空间方正有序，装饰有度（图9-2-2）。

天津解放北路金融街的银行，由于银行具有控制社会经济命脉的职能，所以在外观上追求高耸宏大与坚实雄伟，内部空间则宽敞明亮，装修富丽堂皇，以显示自身的雄厚财力，博取客户的信赖，如浙江兴业银行（图9-2-3）、汇丰银行（图9-2-4）、盐业银行等。

浙江兴业银行突出了穹顶圆形交易大厅。经过柱式门廊，以两侧树立4棵大理石方柱门厅作为过渡，穹顶下的交易大厅空间犹如古罗马神庙。大厅周围建有大理石圆形列柱14个，汉白玉柱头，上有交圈的环形梁，其内侧为汉白玉和大理石饰面，上雕中国古钱币图案，与西方柱式巧妙融合。穹顶并非真实结构，而是由钢骨架悬吊，以新结构造就了富有

图9-2-1　中国大戏院室内（来源：何易、何方 摄）

图9-2-2　中国大戏院戏台（来源：何易、何方 摄）

图9-2-3　浙江兴业银行室内（来源：何易、何方 摄）

图9-2-4　原汇丰银行室内（来源：何易、何方 摄）

图9-2-5　开滦矿务局室内（来源：何易、何方 摄）

庄丽感与历史感的空间气氛。

　　原汇丰银行外观为严谨的三段式古典立面，其宏大营业厅具有相应古典气氛。大厅通高两层，配合柜台划分，两厢低、中央高。低处墙墩的古典壁柱、檐部显示支撑感，进一步以十字拱形象的弧形线条向外挑出中央高处的满覆的天窗，空间界面丰富、领域感强。天窗方格梁间红黄蓝三色玻璃以方形、三角形拼在一起，在上方光线的照射下，呈现出

流光溢彩的景象。在这座古典格调极强的建筑中，这种偏装饰艺术派几何风格的室内装饰并不显得突兀，色彩的几何组织配合了人们意识中古典秩序的雅致，为传统加入了很强的时代感。

　　同样位于解放北路附近的开滦矿务局（图9-2-5），通高两层的大厅四周为爱奥尼克巨柱柱列，托起筒形拱顶，其后是两层廊道。这种分层次的空间组织关系，借鉴了西方教堂和文艺复兴后的宫殿常见的大厅处理。尽端大楼梯和二层护栏，造就了视觉焦点和进一步的引导感，而柱子、护栏的色彩又表明了领域划分。拱顶分格结合天窗，在保证大厅采光的同时，进一步烘托了中央空间的气氛。整个大厅空间组织简洁有序，气势恢宏，同时又精美典雅。

　　盐业银行建筑入口45°转角临街，柱式门廊后经过阶梯门厅，是进深拉长的八边形主交易大厅，门庭两侧还分别形成了一个八边形大接待厅和一个较小的椭圆形的接待厅，平面处理巧妙、空间组织丰富。建筑地面铺装图案和柱列后的天花划分，呼应着多边形空间母题，铺地、柱列、檐部以至座椅的形象、色彩丰富，加上中央的动态顶绘画，给人眼花缭乱的感觉，显然在呈现建筑师空间组织功力的同时，综合营造了西方巴洛克建筑艺术的那种热烈气氛（图9-2-6）。

　　受西方建筑影响，近代天津租界的大银行、大公司建筑设计通常着力营造中央大厅空间，可以是矩形的，也常见八边形、六边形、椭圆形、圆形等（图9-2-7）。作为建筑核心空间，它们高耸明亮，常以天窗作采光，并同周遭较矮或

分层的空间巧妙融合在一起。同时，空间界面关系、装饰风格、色彩等，主体借鉴西方，局部结合中式传统建筑装饰特色，经过缜密的综合考虑，共同造就了各具特色的空间气氛。

图9-2-6 盐业银行室内（来源：何易、何方 摄）

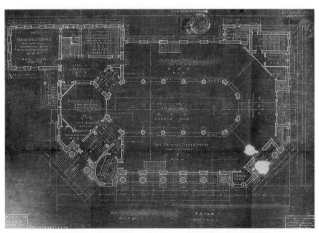

图9-2-7 盐业银行一层平面图（来源：《天津历史风貌建筑》）

二、风格形象语汇

近代公共建筑时间跨度很大，现存建筑主要是1880～1937年间建设的，风格也很多样，语汇符号非常丰富，下面本书将从屋顶（包括塔楼）、门窗、柱式等几个方面分析近代公共建筑的典型形象语汇。

（一）屋顶形体处理

近代西方折中主义大潮下的建筑艺术风格多样，但古典风格为基础的建筑案例更多，天津近代建筑也是如此。自古罗马以后，典型的大型西洋古典建筑立面多以女儿墙结束，缓坡屋顶或平顶隐于其后。结合民族、民间坡屋顶建造传统，南欧建筑常见突出较大的檐口直接衔接缓坡顶。北欧则通常有较高耸的坡顶，檐口上置女儿墙或直接衔接坡顶的都有。高坡屋顶通常被认为突显了源于南欧的古典建筑艺术在文艺复兴后同北方传统的融合。总的来看，各类古典建筑的屋顶都终结于水平线，同时而为了突出中轴效果，山花、特殊处理的女儿墙、穹顶又成为醒目的元素。近代以来，或许借助了中世纪传统的复兴，一些建筑还以屋角的塔楼、亭阁来丰富建筑顶部效果。这些屋顶处理方式，都在天津近代建筑中得到体现，并且有折中、杂合的创新，异常丰富。

以女儿墙为结束的平屋顶古典建筑，中间以山花等元素进行处理，是近代建筑中比较常见的形式，如原汇丰银行、原开滦矿务局大楼、原法国公议局（图9-2-8）、原天津电报局（图9-2-9）等公共建筑。

高坡屋顶建筑则更多的汲取了欧洲各国的独特建筑语汇。如建于1908年左右的天津西站和德国俱乐部（图9-2-10）是德式双层大坡屋顶风格。原天津工商学院则正中是典型的法式孟莎式屋顶（图9-2-11）。

还有一些建筑的屋顶形式较为独特，体现了较多的设计师个人创造，如百福大楼高耸的船型山花配合高坡屋顶的设计，矗立在海河沿岸，颇有象征意味（图9-2-12），檐口细部具有典型的新艺术自然风格装饰（图9-2-13）；

近代商业建筑常以各种具有丰富古典细部的多边形塔楼

图9-2-8　原法国公议局（来源：高金铭 摄）

图9-2-9　原天津电报局（来源：张猛 摄）

图9-2-10　原德国俱乐部（来源：《第三次全国文物普查不可移动文物登记表》，王雷 摄）

图9-2-11　原天津工商学院（来源：《第三次全国文物普查不可移动文物登记表》，王雷 摄）

作为装饰，以突出建筑标志性，原法租界商业区的建筑是这一形式的典型代表，如劝业场（图9-2-14）、原交通饭店（图9-2-15）、原惠中饭店（图9-2-16）。

突出工业时代装饰特点的装饰艺术派排斥了古典或其他传统装饰形象，整体上注重几何体块构图，建筑采用平屋顶，但常以关键部位突出竖线条和塔楼为标志性特征，这种几何化的形体装饰元素，在当代建筑设计中有着重要的借鉴意义。如原法租界海关以高起的中央塔楼配合层次

图9-2-12　原百福大楼（来源：高璐 摄）

图9-2-13　原百福大楼细部（来源：高璐 摄）

图9-2-14　劝业场塔楼（来源：高金铭 摄）

图9-2-15　原交通饭店塔楼（来源：刘婷婷 摄）

图9-2-16　原惠中饭店塔楼（来源：何易、何方 摄）

图9-2-17　原法租界海关塔楼（来源：《小洋楼风情》）

图9-2-18　原意租界俱乐部塔楼（来源：何易、何方 摄）

丰富的建筑体量形成标志性入口（图9-2-17）；原意租界俱乐部以八边形塔楼配合高耸的方形体量展现出经典的装饰艺术派设计符号（图9-2-18）；渤海大楼建筑转角的体量处理细腻，建筑的转角以多个多边形形体化解，高耸的塔楼曾经是天津市区建筑的制高点（图9-2-19）。新华信托银行、犹太礼堂、百货大楼等建筑则是以层层收分的几何形塔楼体现建筑的标志性（图9-2-20～图9-2-22）。

（二）门窗装饰形象

近代公共建筑的入口往往有古典形式的门头设计，结合柱式、山花或简化的壁柱、檐口等古典细部，营造出庄重典雅的气氛（图9-2-23、图9-2-24）。

精美的铁艺大门，是近代公共建筑装饰艺术的重要组成

图9-2-19　渤海大楼塔楼（来源：王伟 摄）

图9-2-20　原新华信托银行塔楼（来源：《小洋楼风情》）

图9-2-21　犹太会堂塔楼（来源：刘婷婷 摄）

图9-2-22　百货大楼塔楼（来源：网络）

图9-2-23　汇丰银行入口（来源：王倩 摄）

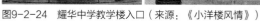

图9-2-24　耀华中学教学楼入口（来源：《小洋楼风情》）

部分。尤其是近代银行建筑，兼具安防和装饰功能的气派精巧的大门，其设计风格往往呼应建筑整体风格，表现出近代建筑整体设计的独特匠心。如原横滨正金银行的铁艺大门，以精致的黄铜格网配以巴洛克风格的椭圆和曲线设计，尽显古典优雅（图9-2-25）；原新华信托银行的黄铜铁艺大门则配合整体的装饰艺术派风格，以放射状花纹和刚劲的几何线条为基本构图（图9-2-26）。

近代公共建筑的窗洞通常加以精心的装饰处理，它们大致可分为：

以古典山花或水平檐部为主导的，带山花檐部柱子的窗套，其简化如只有水平檐部、以牛腿或简单线脚替代柱子，或更简单的古典线脚等，巴洛克变形和某些折中创新也呈现于其中。如原新泰行洋行的立面窗套就是以经典的巴洛克断山花形式为样本（图9-2-27），百福大楼屋顶设计独特，其建筑顶层的窗洞形状、券心石等细部均经过夸张的变形（图9-2-28）。

以拱为主导的，包含罗马时期形成的经典券柱构图（拱心石、楔形石线脚、拱肩同柱式配合，常位于柱式分间框格内）、文艺复兴后突出的重石质感与放射线的、中世纪尖拱等各种形式，以及在巨大拱券中加柱子等其他折中创新的，

图9-2-25 原横滨正金银行黄铜金属门（来源：小洋楼风情）

图9-2-26 原新华信托银行大门（来源：小洋楼风情）

图9-2-27 新泰兴洋行（来源：《小洋楼风情》）

图9-2-28 百福大楼（来源：《小洋楼风情》）

图9-2-29　浙江兴业银行（来源：《小洋楼风情》）

图9-2-30　开滦矿务局立面细部（来源：何易、何方 摄）

图9-2-31　劝业场建筑细部（来源：何易、何方 摄）

如浙江兴业银行的立面窗洞（图9-2-29）。

在近代革新如装饰艺术派影响下的门廊、窗套新型线脚等。在形式上有更多新时代特征的同时，也有一些装饰体现了对传统形象元素的变形利用。

（三）柱式雕刻细部

以西洋古典柱式为基础的设计有着严谨的比例要求，且每种柱式有其特定的装饰纹样，建筑细部的牛腿、栏杆等也都有特定的装饰纹样与建筑整体气氛相协调。如开滦矿务局精致的爱奥尼克柱式（图9-2-30）和劝业场檐下牛腿、栏杆等装饰（图9-2-31）。

图9-2-32　盐业银行柱头（来源：《小洋楼风情》）

但在天津近代建筑中，柱式有了一些有趣的变异，这些变异或者是源于中国设计师对于中国传统文化的坚持，或者是处于某种设计趣味。如盐业银行的柱头就采用中国传统的雷纹代替了爱奥尼克柱式的涡旋，体现出更为刚劲有力的风格特点，设计精美，别具一格（图9-2-32）；法国中心花园的凉亭的柱头则用含苞待放的花蕾来代替涡旋，也非常有特色（图9-2-33）。

天津近代建筑虽然为舶来的建筑形式，但在很多建筑的细部上都表现出了中西文化的交融，尤其是早期近代建筑，砖石雕刻、装饰纹样等细节上非常具有中国传统特色。紫竹林、望海楼等教堂都是由中国的工匠建造的，他们不自觉会

图9-2-33　法租界中心花园凉亭柱头（来源：《小洋楼风情》）

图9-2-34　紫竹林教堂（来源：《小洋楼风情》）

图9-2-38　新华信托银行、中国大戏院、瑞庭礼堂的装饰纹样（来源：刘婷婷 摄）

图9-2-35　望海楼教堂（来源：何易、何方 摄）

图9-2-36　大清邮政局（来源：何易、何方 摄）

图9-2-37　大清邮政局立面（来源：刘婷婷 摄）

38）。这种工业化的装饰带常见于天津晚期近代建筑，即装饰艺术风格建筑，"装饰艺术风格重要的特点之一在于其包容性非常强，其装饰的灵活性和可塑性正是装饰艺术派在世界范围内流传的主要原因之一。"[①]这种民族化的装饰意向与近代中国建筑师对"民族风格"的追求，形成了这些丰富多彩的建筑细部设计。

三、材料装饰语汇

天津近代公共建筑的外墙材料，主要采用以下几类：清水砖、砖木（包括仿木）、石材（包括混凝土、抹灰、水刷石等处理效果）、砖石、面砖与涂料等。

与老城区近代建筑类似，租界建筑也偏爱砖这种建筑材料。朝鲜银行以红砖砌出多立克柱式的凹槽，在满是严整古典式立面的解放北路上独树一帜，表现出浓郁的天津地域特色（图9-2-39）。原太古洋行大楼以灰色外墙为底拱券等局部部位饰以红色的手法，与南开中学伯苓楼等老城区建筑颇为类似（图9-2-40），只是外墙材料采用的是混凝土。

天津近代建筑大多采用砖木结构，砖外墙具有竖向承重的功能。如望海楼、紫竹林、安立甘、西开教堂全都采用的砖墙。木结构为水平方向承重结构，主要用于楼板和梁等部位，木结构一般不出现在建筑外檐。但也有例外，如利顺德饭店以青砖配合木构件的立面装饰，就模仿了欧洲传统民居的砖木外墙装饰体系（图9-2-41）。天津印字馆立面上简

把自己的审美情趣体现在建筑的雕刻等细节上（图9-2-34、图9-2-35）。大清邮政局等公共建筑，都能看到中国佛教的莲花、宝珠、传统的万字图案等砖石雕刻和装饰花纹，表现出天津人的情趣和天津工匠的砖雕、石刻的高超技艺，产生了天津建筑的地方性风格特征（图9-2-36、图9-2-37）。

在砖石雕刻逐渐式微后，工业化生产的装饰纹样在天津近代建筑中也非常常见。有许多建筑运用中国式纹样进行装饰。如法国俱乐部细部装饰有祥云图案，新华信托银行的浮雕带和铁艺运用了中国传统的菊花装饰图案，中国大戏院顶部的浮雕带是具有浓郁的民族特色的祥云图案，南开中学瑞廷礼堂则是运用了雷纹装饰建筑入口的雨篷（图9-2-

---

① 杨海鹰，童乔慧. 四明银行与武汉近代建筑的Art Deco风格[J]. 华中建筑，2008.

图9-2-39 朝鲜银行（来源：刘婷婷 摄）

图9-2-40 原太古洋行（来源：何易、何方 摄）

图9-2-41 利顺德饭店（来源：高金铭 摄）

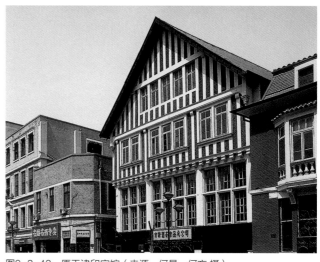

图9-2-42 原天津印字馆（来源：何易、何方 摄）

洁的水刷石和混水墙面模仿半露木结构的立面特征（图9-2-42），都反映砖与木材混搭的外檐设计趋向。砖立面、砖木立面的建筑常见于早期近代建筑中。

天津的折中主义商业、银行等建筑为体现建筑档次、质量一般采用石材和混凝土为外檐材料，解放北路的大批银行建筑和劝业场等均为纯石材立面，泰安道的开滦矿务局等重要公共建筑也多以石材表达庄严稳重的气象。

商业建筑为追求活泼的气氛，往往立面装饰与材料元素都较为丰富。砖与石材、砖与混凝土等搭配都较为常见。遵循着古典横向和纵向三段式的构图法则，石材一般被用于建筑的中央入口部位或者底层，如泰来饭店（图9-2-43）。在惠中饭店中，砖墙被填充在混凝土结构的立面方格网中，刨去一些古典装饰来看，设计手法颇为现代（图9-2-44）。原北洋大学堂北楼以竖向的红砖立柱与灰色波纹状混凝土窗间墙搭配的手法，简洁有力，表达出高耸挺拔的立面效果（图9-2-45）。

图9-2-43 泰莱饭店（来源：何易、何方 摄）

图9-2-44 惠中饭店（来源：何易、何方 摄）

图9-2-45 原北洋大学堂北楼（来源：刘婷婷 摄）

图9-2-46 交通饭店（来源：张猛 摄）

　　除了砖墙，某些当时比较新颖的材料也可以与石材进行搭配组合，最常用的为水刷石，如交通饭店就是在上下层的窗间墙中饰以水刷石，而交通饭店最有特色的地方，是以水波装饰图案的明黄色金属质感涂料装饰出挑颇深的檐口，立面丰富活泼，具有装饰艺术风格明亮、艳丽的立面装饰特点（图9-2-46）。

　　随着建筑外檐材料的发展，面砖和涂料的出现也极大地丰富了天津近代建筑的建筑形象。20世纪30年代后装饰主义风格开始盛行时，更具有现代感和装饰性的面砖和涂料已经逐渐取代了砖、石材等传统材料，成为新建筑比较推崇的外檐材料。

　　渤海大楼（图9-2-47）和利华大楼（图9-2-48）的麻面面砖在当时是颇有特色的外檐装饰材料，至今仍然被广泛采用。白色、米黄色涂料也被广泛应用于新建筑中（图9-2-49、图9-2-50），这种简单的外檐装饰做法更加衬托了新建筑风格简洁有力的形体。

图9-2-47　渤海大楼面砖（来源：何易、何方 摄）

图9-2-49　中国大戏院（来源：何易、何方 摄）

图9-2-48　利华大楼麻面面砖（来源：何易、何方 摄）

图9-2-50　原新华信托银行（来源：《小洋楼风情》）

20世纪法国著名时装设计师可可·香奈儿曾经说过："时尚易逝，风格永存。（Fashion passes,style remains.）"，建筑风格与特色亦是如此，并且一种建筑风格的形成到成熟往往历经数百年，其空间与装饰中包含的形式美的原则更是经过了时间的洗礼和检验，显示出历久弥新的魅力。天津近代建筑遗产可以称得上是一部浓缩的西方建筑史，也是一部中西方建筑文化交流融合的百年历史，无论是精致、个性的居住建筑，还是大气、严谨的公共建筑，其中包含的魅力空间和优雅细节，都值得当代设计师们认真研究、仔细品味。

下篇：天津当代建筑传承

第十章　天津当代建筑创作的历史回顾

　　新中国成立后的天津当代建筑发展历程，与我国其他城市、地区一样，改革开放后的城市发展速度与改革开放前不可同日而语。改革开放后，天津大型综合建筑风格趋于现代和时尚，而文化、教育建筑则更多地表现出对传统文化的尊重和延续，商业、住宅建筑对于中式的、西式的传统建筑风格、符号则更为热衷。综上所述，天津当代建筑也形成现代中兼具传统的天津特色。

第一节　天津当代建筑传承与发展概况（1949～1979年）

自1949年10月1日中华人民共和国成立之后，天津的城市建设进入了新篇章。随着国民经济的发展和城市建设的需要，在建设过程中涌现出不少有代表性的公共建筑。同时，为了满足产业工人和城市居民的居住要求，还兴建了一批大型居住区。

一、新中国成立初期及第一个五年计划时期（1949～1959年）

新中国成立初期的前3年（1949～1952年），天津城市建设围绕着恢复经济发展展开。主要方针是"多、快、好、省"地建设社会主义，建筑设计注重功能性，甚少装饰，以材料朴实的简洁的几何形建筑为主。在设计思想上，因为建筑界重点批判"盲目崇洋媚外"的风气，从而关闭了我国与西方建筑思潮进行交流的大门。

1952年由天津建筑设计公司设计的天津市第二工人文化宫（图10-1-1），立面造型纯朴，反映出时代地方特色，是这一时期公共建筑的代表作品。建筑1954年建成，建成时是天津市新中国成立之后设计建成的第一座以演出戏剧、歌舞为主的剧场。入口大台阶两侧外墙上砌有"工"字形象征的窗口，台阶的两端设有圆灯柱。建筑造型简洁明快，以清水过火砖为主要外檐材料，创造出质朴、自然、庄重、美观的艺术效果。

从1953年起，我国开始实行发展国民经济五年计划。这一时期，建筑界提出建筑设计要建立以"社会主义为内容民族形式和现实主义为创作方向"和以中国传统建筑形式为依据的设计创作，天津和其他城市一样探索设计了许多所谓民族形式的建筑，纷纷采用大屋顶、云字头、霸王拳、雀替、斗栱，琉璃瓦等为特征的中国古典建筑处理手法，在一些建筑设计中加上传统花饰，采用水泥瓦做水泥脊等。[1]随着1959年"大跃进"运动的发展，"民族形式"的创作还是达到了一个高峰，直至第一个五年计划结束，天津建筑创作开始走向低潮。

建于1954年的天津市人民体育馆、建于1955年的天津大学行政主楼和建于1959年的天津市大礼堂，是这一时期"民族形式"建筑创作的代表。

天津市人民体育馆是新中国成立初期第一批兴建的体育馆，1954年由阎子亨设计，1956年10月竣工。体育馆结构为砖混结构，屋盖长70米，宽52米，采用拱形角钢联防网架结构（图10-1-2）。建筑形态汲取中国传统空间特点，并以琉璃瓦做屋顶，琉璃砖做女儿墙，具有浓郁的民族风格。

图10-1-1　天津市第二工人文化宫（来源：程绍卿 摄）

图10-1-2　天津市人民体育馆（来源：刘婷婷 摄）

---

[1] 滕少华，荆其敏. 天津建筑风格[M]. 北京：中国建筑工业出版社，2002：297.

1956年初主体工程施工基本完成之时，恰逢社会开展"反复古主义"，设计为此进行了修改，取消全部琉璃瓦做法，降低了建筑标准。该馆建成60多年来，经过五次重大改造，至今仍是公众喜爱的体育馆之一。

天津大学行政主楼为天津大学建筑系创始人徐中先生设计，受过西方建筑教育的徐中没有完全照搬中国传统建筑的大屋顶，而是对建筑形式进行了个性化的创作。建筑整体为传统的三段式大屋顶建筑，一层石材饰面，二至四层浅褐色硫缸砖，灰色双坡屋顶。檐下的中式额枋、模仿斗栱形式的雨水管和正吻的和平鸽等细节体现出中式传统建筑的装饰趣味。入口直上二层的汉白玉栏杆大台阶以及屋顶正中的十字脊等设计依托传统又有所创新，实现了对"民族形式"的借鉴和再创造（图10-1-3）。

这一时期也建成了诸如天津市公安局、铁道部基地材料厂办公楼、自来水公司办公楼、天津日报社等一批办公建筑，在"民族形式，社会主义内容"的指导原则下，这些建筑形体大都端庄对称，细部以传统符号、纹样进行装饰，见证了这一时期建筑文化和形式追求。其中值得一提的是由唯思奇建筑事务所设计的天津自来水公司办公楼（图10-1-4），该建筑具有现代主义建筑的形体特征，在材料上选择具有天津当地特色的褐色硫缸砖，在外檐材料搭配和建筑弧线转角借鉴了天津近代建筑的经典处理手法，檐口、一层梁头

等装饰细部借鉴了中国传统建筑的元素，具有时代特点和天津的地域特色，是此类建筑中的精品。

这一时期居住建筑的"民族形式"主要体现在建筑物的屋顶和装饰上，如在住宅上加上大屋顶，檐口有的加上檐椽或飞檐椽装饰，檐下加以传统木结构的梁枋装饰形象，在单元入口、阳台、窗口等细部，也有很多民族形式的花纹。设计于1954年的团结里、友好里（图10-1-5）住宅小区为三层砖混结构，外檐采用天津特产的硫缸砖，局部混水，造型简约，窗套等细部装饰有民族纹样，是这一时期住宅的代表作品。

图10-1-4 天津自来水总公司（来源：网络）

图10-1-3 天津大学主楼（来源：刘铧文 摄）

图10-1-5 友好里小区入口（来源：刘婷婷 摄）

二、第二个五年计划和国民经济调整时期（1960～1965年）

由于中苏关系交恶和自然灾害的原因，我国国民经济于1960年前后，又遭遇严重困难。国家实行了"调整、巩固、充实、提高"的方针，压缩基本建设规模。这时期建筑领域提出了"适用、经济、在可能条件下注重美观"的方针，在经济困难的条件下，这时期建筑一定程度上体现了现代建筑的风采，如1962年设计的天津宾馆、天津干部俱乐部剧场等，其中比较精彩的建筑作品当属1961年建成的南开大学主教学楼。

南开大学主教学楼建筑面积18212平方米，作为校园主楼被安排在南校门中轴线位置，是当时天津市规模最大的高校教学建筑（图10-1-6）。在设计思想方面，受到当时苏联社会主义形式的影响，强调高大气派和轴线对称。利用建筑高低错落、中央突出塔楼的形式，突出中心教学楼的位置，形成既严肃又大方的建筑造型，使建筑形体雄壮宏伟，表现出高等学府建筑的性格特点。立面开窗以方格网控制，体现出现代主义建筑简洁不多装饰的原则。

在住宅的规划和设计方面，本时期开展的"天津拖拉机厂居住区"规划竞赛和建设具有一定的代表性。"天津拖拉机厂居住区"规划竞赛历时一年，共提出18个富有创意的方案，开了全国居住区规划竞赛的先河。规划实施方案采取了较新的居住区规划理论，形成了居住区—街坊—组团—住宅单体的规划结构。由于当时的经济条件，直至20世纪80年代，整个街区建设才基本完成。

三、"十年动乱"时期（1966～1976年）

1966年5月，城市建设基本陷于停滞，全市的设计单位陷入瘫痪状态，正常的生产秩序和人民生活秩序都被打乱。

在这种社会环境下，还是有一些建设工程问世，如老百货大楼改建项目。百货大楼建于1927年，受1966年邢台地震的影响，塔楼和墙身不同程度地受到损坏。经过修缮和加固后，建筑增加了檐口压檐和立面壁柱，钟楼高度降低，装饰也多为水平线条，建筑呈现出与之前高耸的装饰艺术风格不同的特点（图10-1-7）。在2000年的和平路改造中，老百货大楼被恢复原貌。

在此期间，住宅建设速度也大大减缓，大规模的住宅建设已不复存在，住宅建设多为见缝插针地分散建设，且受到全国建筑界"干打垒"思潮的影响，建筑标准较低，套型面积压缩到极限，生活设施极为简陋，住宅的外部造型也简易平淡、千篇一律。

图10-1-6　南开大学主楼（来源：刘婷婷 摄）

图10-1-7　震后改造的百货大楼（来源：7788收藏网百货大楼旧票券）

第二节　改革开放后建筑设计多元发展的新阶段

改革开放之后，天津的当代建筑创作进入了百花齐放的新局面，并秉持着"开放多元、兼容并蓄"的"海""河"文化特点。新中国及改革开放之初，天津的城市建设主要在以老城厢和近代租界为代表的历史文化风貌区的外围区进行。随着近些年来天津经济的迅速发展，天津城市边界不断扩张，形成了一些环城的开发区和大型居住区，城市风貌区和外围区的建筑也在不断更新，各种高层、超高层建筑拔地而起，使得天津的城市轮廓线出现了巨大变化。但发展至今，天津城市中心区依然分列海河两岸。

在改革开放的三十多年内，天津市区内出现了众多优秀的现代建筑案例，以及一批优秀规划思想指导下的建筑群设计。

一、办公建筑——多元与新潮

天津的当代建筑设计依然具有紧随国际流行趋势的特点，并且传承了天津传统建筑多元、开放的文化基因。天津电信大楼具有注重几何形体以及立面质感的光亮派建筑特色，顶部圆形装饰部分与建筑主体的方形几何切割形成了鲜明的对比，增强了建筑整体的趣味性（图10-2-1）；部分建筑设计受到地域主义建筑思潮的影响，如中国银行天津总部从规划到建筑细部都与邻近五大道的传统建筑文脉相呼应，天津工商银行总部的屋顶设计则借鉴了装饰艺术派层层收分的造型；津塔是天津市中心区的为数不多的几座超高层建筑之一，其立面的折扇状纹理精致优雅，总体上来说是一座具有技术精美主义倾向的玻璃盒子的建筑（图10-2-2）；于家堡金融区兴建的一批高层建筑，设计和施工都体现了注重高度工业技术的倾向。

二、文化建筑——象征主义与批判的地域风格

建于新千年前后的天津自然博物馆新馆的"天鹅"造型，受到象征主义建筑思潮的影响，近年来，新天津自然博物馆区域形成了由天津大剧院、图书馆、美术馆、博物馆等建筑组成的天津文化中心建筑群，以天津大剧院为中心，与另一侧的银河购物广场、青少年阳光乐园一起，形成了天津市最重要的城市开放空间和文化中心（图10-2-3）。

基地南侧的图书馆、美术馆和博物馆三座建筑均采用方盒子建筑形体，外立面色调也比较统一，形成了和谐中求变化的建筑群整体效果。图书馆室内空间错落丰富，充分表达了当代公共建筑设计中"流动空间"的设计精髓，深受市民欢迎。博物馆在室内外开放空间的处理上借鉴了中国传统建筑中"灰空间"的檐下空间处理方式，外立面采用石材打毛与铜板搭配，突出厚重感、历史感。

基地北侧大体量的银河购物中心则是以两端大面积石材墙面在中间搭配嵌入通透的钻石形玻璃墙面，传达出商业建筑的繁华活力；阳光乐园作为服务青少年的建筑，外立面采用了竖向石材与暖色金属板拼合，形成活泼的韵律和有序的

图10-2-1　天津电信大楼（来源：网络）

图10-2-2　津塔（来源：刘婷婷 摄）

图10-2-3　天津文化中心鸟瞰（来源：赵先悦 摄）

变化。居于主体地位的大剧院，立面为稳重对称的三段式造型，通过半圆形的大屋盖，以石材叠层挑檐做法对中国传统飞椽檐和重檐进行现代诠释，覆盖三个玻璃体演出场馆，突出传统文化艺术的气息与现代感。

三、教育建筑——文化的积淀与文脉的传承

天津自古就有重视教育的传统，至近代尤甚，南开中学、耀华中学都是近代有识之士创建的著名私立中学，现今虽改为公立中学，仍是天津教育行业的骄傲。这些学校在改革开放后都面临学生扩招、校舍紧张的问题。南开中学选择另建新校区，耀华中学则是对老校区进行了扩建（图10-2-4），这些新建、扩建建筑颇受社会重视，建筑设计都在传承文脉、延续传统方面做出了不少努力。

天津大学和南开大学都是清政府试图"救亡图强"、"教育兴国"而兴建的大学，此外，天津还有天津师范大学、天津工业大学、天津理工大学等一批重点大学，近年来，这些学校由于老校区环境拥挤、硬件落后等原因，纷纷在环城四区兴建新校区，也相应带动了环城四区的经济建设。这些新校区的规划和建筑设计都体现了天津当代教育建筑设计的最高水平，其中天津大学新校区的规划更是呼应了天津本土的自然环境中孕育出的"水文化"，体现了"以人文本"的设计思路。

四、商业、娱乐建筑——仿古、仿欧与现代

天津是个传统的商业城市，近代商业、娱乐活动也非常繁荣，且商业中心向租界转移。新中国成立后很长一段时间内，天津的商业中心依然集中在原法租界劝业场和老城厢北门、东大街一带，以劝业场为中心的滨江道、和平路商业街至今仍是天津的商业中心。20世纪80年代，天津古文化街、南市食品街、南市旅馆街等一批大屋顶仿古建筑群兴建，带动了天津南市地区商业的繁荣。

进入21世纪后，天津的商业建筑出现了更加蓬勃发展的局面。首先，劝业场和南市依旧繁荣，南市附近大悦城等商业区已经成为天津最新的休闲娱乐购物中心；其次，各种大型购物中心在市区和郊区遍地开花，如天津东站附近的恒隆购物中心（图10-2-5）、文化中心附近的银河广场等。这些建筑大多采用当下流行的商业设计手法，外观大胆新颖，功能为餐饮、休闲、购物娱乐的复合。在市郊，一批仿欧式、低密度的休闲购物中心也蓬勃兴起，如佛罗伦萨小镇（图10-2-6）、燕莎奥特莱斯等。

图10-2-4　耀华中学老校舍（来源：《天津当代中小学更新改造研究》）

五、交通建筑——传统与现代的碰撞

天津铁路客运站东站,位于原老龙头车站旧址,老龙头车站建于1888年,是全国最老的车站之一,老龙头车站位于海河河畔且位于原意、日、法租界中间,以解放桥联系英法租界,是近代天津的交通中心。但由于站舍简陋、设备落后,不能满足运营要求,1986年,新站开始设计建设。

新东站为满足建筑站房平行铁路,同时又照顾与海河弯道的关系,将主站房平面设计成"Y"形三翼形式,形成前、后广场的建筑空间,并与海河形成环抱之势(图10-2-7)。建筑主体高23.75米,钟塔楼高80米,造型挺拔流畅,既借鉴了天津大批近代建筑的立面造型特点,又创造出了新颖的形式,也丰富了海河沿岸的城市轮廓。

天津西站始建于1902年,清1910年12月14日,西站落成启用。天津西站主楼砖混结构二层楼房,带地下室,设老虎窗,具有德国古典建筑风貌(图10-2-8)。建筑面积1900平方米,初期,只是津浦线上的一个中间小站,新中国成立后经过40多年的不断扩建,西站已成为北京铁路局天津办事处的一等直属大站。新的天津西站自2009年起开始建造,建成现代化的新站房及前后广场等配套工程。因老站房与现有高速铁路的路线有所冲突,在2009年进行了"平移"工程,向南移动175米,成为天津市首例砖混结构建筑平移工程。

2011年天津新西站建成,新西站的设计则采用简洁的拱形玻璃盒子,站房采用钢和玻璃结构,跨度达114米的巨大拱形结构创造出南北长395米的宏大高架进站候车空间,精

图10-2-5　天津恒隆广场(来源:网络)

图10-2-6　佛罗伦萨小镇(来源:网络)

图10-2-7　天津新东站(来源:网络)

图10-2-8　天津老西站(来源:刘婷婷 摄)

致、合理的细部设计体现出当代建筑设计中的理性主义的倾向，创造出阳光、开敞、通透的空间效果。

六、居住建筑——规划思想紧随时代，单体风格多样

天津的居住建筑在改革开放后，就进入了快速、多元化发展的时期。国际上的各种先进的居住区规划理念也被运用到一些大型居住区的规划设计中，如"邻里单位""生态共生"的思想分别被运用到华苑居住区和梅江居住区两个大型居住区的规划设计中。在建筑单体设计方面也有许多积极有益的探索，川府新村的折线形单体形式、西湖村小区的弧形形体设计均为当时国内居住建筑中较为大胆的设计。

天津20世纪八九十年代建设的一批红砖住宅建筑，在建筑材质和元素上对天津近代传统建筑进行了许多的借鉴和传承，尤其是建筑元素。学湖里小区的建筑立面上，窗套、弧形阳台等西方建筑元素经过简化后，赋予了建筑以精美、活泼的立面，成为城市的一道风景。位于天津中环线附近的天环里等小区，其立面窗套、阳台板等均装饰精美、古朴，传承了天津近代建筑的精于装饰的传统。

"小街区、密路网"的规划模式便于步行，道路可达性好，天津五大道地区原有街区就采用这种规划模式，近些年来，这种欧美流行的住宅区规划模式在学术界广受追捧，但鲜有开发商愿意尝试。2005年天津三岔河口泰达城的开发中，开发商就大胆采用了"小街区、密路网"模式，保留了基地上原有的城市肌理，形成了一个尊重基地历史文脉的开放社区。近两年来，又有一些采用类似规划理念的居住区相继出现，如天拖地块、八大里等，显示出天津这座城市开放的文化心态。

随着房地产市场化的不断深入，居住建筑市场"传承建筑传统"的作品也日益增多，装饰主义风格（Art Deco）楼盘以其奢华新颖的形象广受追捧，还有万科水晶城、霞光道五号等深入解析天津传统建筑空间和符号特点进行现代表达的作品，体现了天津居住建筑设计的较高水平。

第三节　天津地域建筑传承实践总结

改革开放前，天津同全国其他地区一样，建筑设计受到当时政策的影响非常大。从新中国成立初期的"多、快、好、省"到第一个五年计划的"民族形式，社会主义内容"，再到经济困难时期的"适用、经济、在可能条件下注意美观"，这些政策都极大地影响了建筑设计的方向。

1949～1976年接近30年的发展历程中，天津留下建筑精品最多的一个时期，是1953～1959年第一个五年计划及"大跃进"运动时期，这也是天津地域风格建筑开始萌芽的时期。这一时期国家经济发展较快，大型建筑建设项目较多且标准较高，办公建筑的发展也比较繁荣。天津大礼堂、天津人民体育馆、自来水公司办公楼、天津日报社等一批优秀的公共建筑均为这一时期的作品。

由此可见，新中国成立初期的地域建筑创作，对传统建筑的传承进行了许多有益的实践，但总体来说有以下不足：

（1）这一时期，尽管对民族形式的探索取得了一些经验，但建筑创作对于传统形式的借鉴还停留在对中式传统建筑的简单模仿阶段，缺少更为深刻的认识，也有片面追求形式、忽视功能的倾向。同时缺乏"删繁就简"和再创造的过程，建筑创作的灵活性较低。在改革开放后，这种状况有了极大的好转。

（2）对于传统建筑的地域特色解析较少，没有正确看待天津存在的大批近代建筑遗产，较少展现出天津建筑的独特特点。在"民族风格，社会主义内容"指导下产生的建筑特色，也是基于中国传统建筑这个广泛的"汉文化圈"衍生出的建筑形式，在经过对传统建筑尤其是北京官式建筑的研究后，推广到整个华北地区。对于天津当地的传统建筑研究和借鉴都非常有限，是一种较为广义的"地域性"建筑创作。

当代天津的建筑和设计风格非常多样，延续了"五方杂处""中西合璧"的建筑风格。在当下国内城市建设迅速发展导致城市形象趋同的趋势下，天津因为其深厚的传统文化积淀和保存良好的近代城市环境，在经过了几十年的快速城市建设后，依然是当代中国城市风貌较为独特的大城市之一。

海河是天津的母亲河，在近代，各国租界分列海河两岸，使得海河成为欣赏天津"万国建筑博览会"景观的重要游览路径，近代的海河两侧建筑多为多层建筑，比较低矮，海河则显得相对宽阔，西岸较远处可见劝业场、百货大楼等建筑塔楼突出形成的近代城市廓线。当代海河两侧兴建了一批高层建筑，海河两侧近距离建筑景观凸显出来，海河河面显得相对较窄，沿河难见远距离城市轮廓线了。近期，在"强化万国建筑博览会景观风貌"的规划思想指导下，海河两侧又兴建了一批借鉴近代建筑形式风格的建筑群。

至新千年，天津的建筑设计更为开放多样。许多国际国内建筑大师作品对于丰富城市景观和天际线、体现建筑的时代性等方面都作出了积极的贡献。如天津于家堡的大批玻璃盒子建筑、新建的恒隆广场等建筑，就体现了工业化材料美的"钢和玻璃方盒子"审美意趣。但这类建筑同时也带来了城市特色消失，缺乏可识别性的问题。对这种情况的批判，则导致了多元化的艺术追求，其中，建筑的地域性特征逐步成为受到关注的主题。

"建筑创作中的地域性（regionalism），是指对当地的自然条件（如气候、材料）和文化特点（如工艺、生活方式与习惯、审美等）的适应、运用和表现。地域性亦称当地性（locality），广义地还包含乡土性（vernacular）。" [1]近些年来，由于传统地域文化与全球化建筑文化的冲突日益尖锐，全球化造成的千城一面的弊端日益突显，一些理论家，如K·弗兰普顿主张把地方的自然文化特点与当代技术有选择地结合起来，并称之为"批判的地域主义"。在对待传统的地域性建筑形式上，更多地吸取现代造型精神或变形，同时表现出传统地域建筑的魅力。

"从对地域性建筑概念的分析中，可以看出影响地域性设计方法的要素主要有以下三个方面：其一是地域的气候条件、地形特征及自然资源、城市环境等构成的环境要素或称客观要素；其二是地域的社会组织结构、文化传统、宗教信仰、生活方式和审美情趣所构成的文化要素或称人文要素；其三是当时当地的经济条件、结构形式及构筑技术等构成的技术要素或称实现要素。" [2]另一方面，20世纪60年代，以彻底反叛现代主义的后现代建筑艺术兴起。后现代建筑的具体艺术形式多种多样，突出的有历史主义、文脉主义、装饰主义等，一目了然的简单几何形式与空间，其中一个重要核心是把建筑艺术当作一种语言，各种历史上的建筑形象要素被当作可借以表达特定意向的"符号"。在各种反思现代建筑的思想意识相互借鉴交织中，地域性建筑也常呈现对传统形象要素的利用，体现着文脉观念，也常伴有与装饰形象相关的符号意识。

结合以上因素，本书以自然环境、文脉传承、空间变异、形象符号、材料技术五个切入点来分析天津当代地域建筑的创作特色。

① 同济大学建筑与城市规划学院. 罗小未文集[M]. 上海：同济大学出版社，2015.
② 孙博怡. 地域性的设计方法在天津当代建筑设计中的应用. 天津大学硕士论文.

第十一章　基于自然环境的天津当代地域建筑创作特色

　　建筑的最原始目标是满足人类在大自然中的基本生存需要，历史上不同地区的建筑特征经常是适应特定自然环境的表现。地域性概念有两个层次。广义的地域性是人类不同文化体系的表达，如中国传统建筑以木结构体系作为特征，而欧洲的重要建筑往往主体采用石材。狭义的地域性是指在各种小地理气候环境和文化圈的影响下建筑应对并呼应环境所体现出的特质，以及建筑所能表达出的"场所精神"。

　　"那么'场所'代表什么意义呢？很显然不只是抽象的区位（location）而已。我们所指是由具有物质的本质、形态、质感及颜色的具体的物所组成的一个整体。这些物的总和决定了一种'环境的特性'，亦即场所的本质。一般而言，场所都会具有一种特性或'气氛'。因此场所是定性的、'整体的'现象，不能够约简其任何的特质，诸如空间关系，而不丧失其具体的本性。建筑从属于诗意，它的目的在帮助人定居，不过建筑是门棘手的艺术。……总而言之，就是使场所精神具体化。场所精神的形成是利用建筑物给场所的特质，并使这些特质和人产生亲密的关系。"[①]

　　西方存在主义哲学指导下的建筑的"在地化"研究，一直在试图对抗现代主义建筑掀起的"全球化"浪潮。海德格尔提出的"人类，诗意地栖居在大地上"，更是给这种思想勾画出了一幅理想的图景。但现实是，经济的全球一体化已不可避免，现代主义建筑也已经以摧枯拉朽之势占领了当下城市建筑的大半壁江山。地域主义建筑实践，尤其在天津这

---

① 诺曼舒茨. 场所精神——迈向建筑现象学[M]. 武汉：华中科技大学出版社，2010.

个人口逾千万的大城市中，已然是"小众"设计，但本书的指导思想，是试图将这种小众的、偏向趣味性的、精英化的设计思想做一次梳理，给当下的建筑设计提供更为广阔的设计思路的参考。

天津的当代地域建筑创作，当然也离不开天津特定的自然地理环境。另外，在某种自然环境中长期发展、延续形成的城乡环境，会形成特定的地域文化气质，也是影响建筑创作重要因素，如天津依"河"傍"海"环境影响下的独特水文化、海洋文化，对于建筑师设计灵感也有不少的启迪。再者，建筑未来发展的趋势——绿色建筑设计中，节能、节材的非常重要的方法就是巧妙利用独特的地域自然资源，因势利导，从而实现建筑的绿色可持续发展。

第一节　"九河下梢"独特地理环境下的地域文化

　　天津的地理位置和气候条件，在本书绪论中有过详细介绍，在此就不再赘述了。总结来说，天津位于海河流域下游，史称"九河下梢"之地。上游支流不计其数，在中游附近汇合于北运河、永定河、大清河、子牙河和南运河，下游汇于海河入海。历史上漕运发达，至近代天津成为重要的港口城市。同时，天津西北高、东南低，西北部的山区又是另外一番俊美的自然风光，这种独特的地理位置对天津地域文化造成了深刻的影响。

一、水文化

　　"水"是天然造化对于天津这座城市的馈赠，造就了这座兴于漕运的商业城市。水文化的积淀，使得天津成为当时封闭农业社会中罕见的南北文化交融的城市。元代《直沽诗》曰："转粟春秋入，行舟日夜过。兵民杂居久，一半解吴歌。"一半人听得懂南方话，带来了文化交流的先进优势。水，讲究水平、公平；讲究流动、交流。天津善于吸纳他山之石的一切精华，来者不拒，堪称各类文化艺术成长的摇篮。

　　天津不仅地处九河下梢，还是北方少见的水乡泽国，这里曾有"七十二沽，九十九淀"。河海通津，湖淀密布，汇成了"众水所钟"的风水宝地，不仅使这座城市成了北方重要的商业港口（图11-1-1、图1-1-2），更造就了它南北交融、中西荟萃的多元文化特征。近代天津一直是北方的经济、文化中心，水文化为天津带来的，是先进性、开放性和包容性，这也是天津最重要的文化性格。

二、海洋文化

　　海洋对于天津的影响也自不待言。塘沽是海河的入海口

图11-1-1　天津原紫竹林码头（来源：《明信片中的老天津》）

图11-1-2　天津原英租界码头（来源：《明信片中的老天津》）

及天津的港口，"至近代1860年到1900年间，塘沽作为京津海洋方向屏障的军事地位陡然提升，备受清廷重视。在这40年里，清廷不断在塘沽修筑炮台、船坞、电报线等军事设施或相关设施，将塘沽完全纳入了海防体系内，加强其与天津的联系"[①]。作为中国早期铁路之一的唐芦线于1888年四月引至塘沽，七月又延伸至天津，水陆联运得以实现，塘沽成为华北地区重要的物资集散中心。塘沽的工业也因铁路的修建开始繁荣，近代塘沽盐业的兴盛更是为中国海洋化工业在此发展打下了良好的基础。

　　1937~1949年的日占时期和抗日战争胜利初期的新港建设对塘沽产生了深远的影响，这段时期内塘沽出现了城市

---

① 王宏宇. 塘沽近代城市建设史探究[D]. 天津大学硕士论文，摘要.

史上的第一个城市规划，规划首次将塘沽与天津市区作为一个整体进行考虑，并确定了城市性质与发展方向。时至今日，塘沽区东部的天津港，发展成为中国北方最大的综合性贸易港口，成为天津市经济发展最为强有力的增长点之一。

"海洋文化"代表了开放与交流，天津成为中国近代对外交流的窗口，东西方文明在此碰撞和交融，形成了天津独特的城市文化景观。近年来，滨海新区的建设也是秉承着对外开放与交流的心态，传承着这种地理环境和历史机遇共同赋予的"海洋文化"的基因。

三、山区文化

蓟州是天津市唯一的半山区县，是京津的"后花园"，土壤肥沃、山清水秀、水质优良、气候宜人，且历史悠久。据历史记载"虞舜时分天下为十二州，冀为九州，面积最广，蓟属其境，为北方重镇。"可见蓟州有记载的历史要早于天津中心城区。

蓟州山区拥有中上元古界标准地层剖面和八仙山原始次生林等国家级自然保护区，地质构造独特，风景优美。同时，盘山被列为国家级风景名胜区，县城内还有国家重点保护的千年古刹——独乐寺和白塔寺、鼓楼、文庙、公输子庙、关帝庙、城隍庙、天仙宫等文物古迹。

蓟州的山区文化同时拥有壮丽的自然景观和深厚的文化积淀，是天津市境内历史较为悠久的区域，深受传统文化浸润。

第二节　基于自然环境的天津地域建筑表达倾向及案例分析

地域性建筑的影响因素不仅有自然地理条件，还受到地域的社会结构、文化传统、审美习惯等人文因素的影响，另外，还受到当地的经济条件、材料、技术等现实因素的影响，本节则主要论述自然地理条件对于地域建筑的影响及其案例。天津95%的面积为广袤平原，且属于典型的北温带大陆气候，与

山地、丘陵地区及寒热带地区相比建筑形式与自然环境关联度较低，所以建筑设计对于环境和气候的呼应主要采用象征隐喻的手法，呼应地理环境下的独特文化特质，或者呼应一些场所的重要历史事件。此外，天津部分地区的地热资源也为当下方兴未艾的绿色建筑设计提供了一些切入点。

一、延续自然环境特色、传承场所精神的当代设计案例

天津"水文化"的传承在一些规划设计上可以更直观地体现出来，如天津大学新校区的规划设计。天津大学的老校区位于天津市南开区，校园大多数老建筑建于20世纪50年代后，当时校园内池沼遍布，相传划船可以达到今水上公园。经过不断的填湖造陆和几十年的建设，老校区才形成现在的建筑密度和规模，现存的敬业、青年、爱晚、友谊四湖，是老校区最独特的景观特质（图11-2-1）。新校区在设计上延续了老校区的水景特质，但有所变异，新校区将老校区分散的湖景变为连续的环绕中心教学区的水系，并在西侧的预留发展用地上放大成为湖泊和湿地，与活动中心配合形成休闲娱乐区（图11-2-2）。主要教学和宿舍区则布置紧凑，形成人性化的居住模式和舒适的步行尺度。

天津人文历史资源丰富，尤其是近代，素有"近代中国看天津"的美誉。大沽炮台遗址博物馆位于大沽炮台遗址附

图11-2-1　天津大学老校区老照片（来源：网络）

近，并临近海河入海口。大沽口炮台历经两次鸦片战争、洋务运动失败、八国联军入侵、《辛丑条约》签订等19世纪影响中国历史发展的重大事件，是中华民族整整一个世纪屈辱与苦难的见证者。

大沽炮台遗址虽为国家级文物保护单位，但是海河改道后，炮台失去了原有的雄踞江岸的气势，炮台遗址残破不堪，旧有的陈列室门可罗雀，周围大片荒地滩涂也因泥沙开采而变得千疮百孔，沧桑百年的炮台以及它所经历的那段历史正在逐渐被现代人遗忘。

遗址博物馆的形态设计旨在呼应沉重的历史、苍凉的场地，并通过建筑的语言表达中西方文化的冲突与文明的碰撞。从鸟瞰图上看，建筑呈现出一个张扬的仿佛炮弹爆炸的形态（图11-2-3），建筑造型及入口设计也颇具个性（图11-2-5）。但这种形态的形成也并非出于直觉，而是出于展览中呼应场地与组织流线的内部逻辑。

在大沽口炮台遗址博物馆设计中，结合对那段悲壮历史事件的解析，设计师设想展陈流线的组织能够与室外遗址、景观相呼应，强化遗址博物馆的主题，营造出独特的场所精神。博物馆有限的展品对人的影响，远不能与炮台等历史遗

迹相比。设计师选择场地上一些有价值的内容，将它们和建筑用地相互联系，最终形成了控制整个场地的视线网络（图11-2-6）。每一个展厅就像相机的取景框，将炮台等重要景

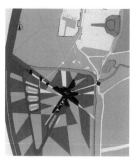

图11-2-3　遗址博物馆总图（来源：《精神与历史同行，大沽口炮台遗址博物馆设计》）

图11-2-4　流线设计（来源：《精神与历史同行，大沽口炮台遗址博物馆设计》）

图11-2-5　遗址博物馆入口（来源：刘婷婷 摄）

图11-2-6　从炮台看博物馆（来源：刘婷婷 摄）

图11-2-2　天津大学新校区"河心岛"（来源：华汇建筑官网）

观摄到室内来，成为展示内容的有机组成部分。同时以时间为线索布置展览流线，通过展览空间的转折、收合等空间开放程度的变化展现中国曲折艰辛的近代历史（图11-2-4）。

在外墙材料的选择上，建筑采用了当今世界上比较先进的预锈板幕墙技术，钢板墙在自然生锈一段时间后，用固定剂将其固定，给游客带来一种锈影斑驳的历史纵深感（图11-2-7、图11-2-8）。

盘龙谷演艺中心位于蓟县许家台乡，是为了配合文化城以影视、音乐为载体的文化创意产业需求而设置的多功能演艺、会展中心。基地位于南北向延伸的峡谷之中，连绵起伏的燕山余脉为未来的建筑提供了优美的环境背景。建筑群以几个简单的矩形体块，以看似随意的方式组织在一起，或远或近、或高或低，显示出某种特殊的张力（图11-2-9）。

如同山间几块随意放置的石头，在消解建筑体量的同时，也增加自然生动的气息（图11-2-10）。

鉴于建筑巨大的体量，如果将全部功能建于地上的话，在整个环境中非常突兀。于是，设计将建筑体量打散，将功能分散到几个体量不等的长方体大空间中，还将部分辅助功能置于台地间自然形成的地下空间，以缩小建筑尺度（图11-2-11）。规则地使用空间照顾到使用效率的高效，又考虑到未来功能置换的可能性。

此外，设计还借鉴了中国古代文人山水画有关人工建筑与自然景物的处理方式，即建筑让位于环境，以及层次感、空间感的意境营造与表达。建筑体块在自然的启发下以嵌入、搭接、散布的方式自然地融入环境，以一种纯净、脆弱、漂浮的姿态存在并与之呼应。联系这几块"石头"的公共空间的设计，也将自然风景嵌入建筑之中，与环境有着巧妙的联系（图11-2-12）。

盘山表面裸露的浅灰色岩石属于"球面风化"的石灰岩，质地松软且脆弱。为更好地表现这种地域特点，建筑的外装饰面采用穿孔铝板饰面（图11-2-13）。由材料本身带来的半透明效果，既体现出强烈的现代感，又很好地迎合了上述特有的地域气质。建筑基座为深灰色的毛石墙面，与上部简洁的白色体块形成强烈的视觉对比。

二、利用象征和隐喻的手法创造地标建筑

相对于大沽炮台遗址博物馆比较独特的场地环境，处于

图11-2-7 博物馆局部（来源：郑涛 摄）

图11-2-8 博物馆墙面（来源：郑涛 摄）

图11-2-9 演艺中心形体（来源：弓蒙 摄）

天津市和滨海新区城市环境中的建筑，大多采用象征的手法呼应"水文化"、"海洋文化"，如天津自然博物馆、于家堡高铁站等大型公共建筑的形体设计。

天津自然博物馆的形体为白色圆形，入口部分为弧线形大片玻璃幕墙，入口伸出长长的玻璃雨篷廊道穿过人工水池，宛如在水中休憩的天鹅，建筑形体非常具有标志性（图11-2-14）。

于家堡高铁站地处滨海新区于家堡金融区北端，站房主体结构为地上1层、地下3层，与城市轨道交通及公共交通有机衔接。于家堡站被称为"公园里的火车站"，出入口都设在公园内，建成后乘客在于家堡站下车，看到的是赏心悦目的公园美景。在地面看，其椭圆形壳体像一个美丽的贝壳（图11-2-15），周围是风景如画的景观公园，车站公园和北面的紫云公园相连，是市民休闲的一个好去处。

天鹅、风帆、贝壳等意向体现了水文化、海洋文化对于建筑师创作灵感的启发，这种具有象征意义的建筑具有一定

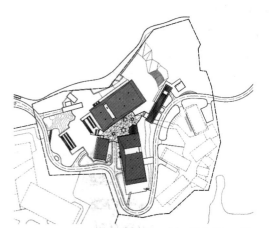

图11-2-10　总平面布置（来源：《山里的风景——记天津蓟县盘龙谷演艺中心》）

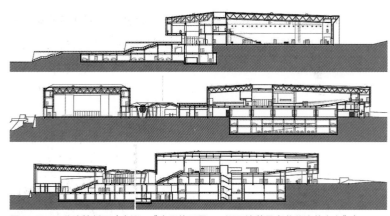

图11-2-11　建筑剖面（来源：《山里的风景——记天津蓟县盘龙谷演艺中心》）

图11-2-12　公共空间室内（来源：弓蒙 摄）

图11-2-13　外檐材料（来源：弓蒙 摄）

图11-2-14　天津自然博物馆（来源：郑涛 摄）

图11-2-15　于家堡高铁站外观（来源：刘婷婷 摄）

图11-2-16　于家堡高铁站室内（来源：刘婷婷 摄）

的天津地域特色，但也在滨海城市中具有一定的普遍性。这些建筑虽不能称之为天津特有的"地域风格建筑"，但它们体现了人类的想象力和脚踏实地的建造技术的完美结合，不能不说是另一种意义上"人类，诗意的栖居在大地上"思想指导下创造出的艺术作品（图11-2-16）。

三、基于地域能源达到绿色节能要求

天津文化中心的城市设计布局糅合了"山、水、塔"的中国园林布局和"大轴线、林荫道"的西方园林手法，塑造富有天津特色与文化内涵的"城市客厅"，与城市空间融合

图11-2-17　天津文化中心布局（来源：《天津文化中心的传承与创新》）

共生。所谓"山、水、塔"，就是以生态岛为山，以中心湖为水，在基地西北端两条轴线交叉点设置迎宾塔，体现中国山水诗画意境的布局方法。从大剧院的公共平台向西望，以高度 60 米 的迎宾塔为中景标志物，以高度 350 米 的天塔为远景标志物，从而形成近、中、远的多层次景观效果，并将基地内的东西向轴线进一步延伸，与城市的开放空间系统连接（图11-2-17）。

天津地热资源非常丰富。在可持续发展观念的影响下，天津在较早年间就注重依托先进的技术进行建筑水、暖的设计。2006 年7月，在国务院批复的《天津市城市总体规划》中指出，要努力把天津建设成为生态城市。围绕城市定位，天津正在加快生态城市建设步伐，努力实现资源节约、环境保护。

天津文化中心在建筑群规划和设计中都积极采取可持续策略，首先在规划中将生态湖作为建筑群规划的核心（图11-2-18），延续了天津"水文化"的地域文化特质；其次结合生态湖因地制宜采用生态技术以及各种成熟的综合技术，进行多方面、多层次的可持续设计实践，为天津生态城市建设发挥示范作用。结合天津地热能源和水资源采用了以

图11-2-18　天津文化中心生态湖（来源：郑涛 摄）

下几项绿色可持续技术：

①能源站建设：依据不同业态特征、管理权属，文化中心区域集中设置了三处能源站。通过集中建设、集中管理，降低了能源系统的初期投入与运行成本，并采用地源热泵系统提供冷热源，实现了节能降耗的目标。据测算节水、节能率为36.02%。

②浅层地源热泵：能源站采用浅层地下水水源热泵系统，水源井布置于生态岛。南区、北区能源站采用垂直土壤埋管地源热泵系统，充分利用自然资源，与景观有机结合。

③雨水收集处理：合理组织雨水收集系统、调蓄系统，利用蓄水技术削减地表径流峰值，通过过滤净化流程将雨水汇入中心湖，全年可利用雨水90000立方米。

④湖水循环净化处理：中心湖水容量160000立方米，在生态岛南北两侧设有约2600平方米的生态净化群落，通过物理过滤、滤料基质吸附、水生植物根区分解吸收等手段净化湖水。

通过这些先进技术手段，天津文化中心不仅成为天津市中心一处环境优美、绿化和公共休闲设施齐全的公共场所，更是真正意义上实现了绿色、环保、可持续发展的要求，为今后城市建筑的设计提供了榜样。

有效利用地域能源发展天津特色的地域风格建筑，并与绿色建筑设计进行结合，是当今中国建筑发展的一个重要方向。天津在这方面也进行了诸多努力，如中国与新加坡合作在滨海新区建设的中新生态城等项目的建设，为城市的绿色建筑设计提供了宝贵的实践经验。

基于自然环境的天津地域建筑创作，总的来说是依托了天津依"河"傍"海"的自然地域环境，在这种独特地域环境和历史背景孕育出的独特文化引导下，天津当代建筑创作呈现出特有的地域特征。其中值得一提的是，利用象征和隐喻呼应地域文化以获得具有特色的建筑形体、或依托地域特色能源进行节能设计，展现了日新月异的技术发展对于建筑设计的影响，这也是未来建筑发展的一个方向。将地域性与现代性结合，本身也是20世纪50年代后现代建筑设计的一个倾向。由此可见，地域风格建筑并不仅是乡土的、守旧的，也可以国际化的、开拓性的。

第十二章　基于城市文脉的天津当代地域建筑创作特色

"天津有两个文化入口，一个是传统入口——从三岔河口下船，举足就迈入了北方平原那种大同小异的老城文化里；另一个是近代入口——由老龙头车站下车，一过万国桥，满眼外来建筑，突兀奇特，恍如异国。"[1]

天津的城市文化就是基于这两个"文化入口"发展而成的，东方与西方、传统与现代的并置是当代天津城市景观的一个重要特色。天津的历史街区景观相对来说是比较连续的，海河将以老城厢为核心的"老城——古文化街历史街区"与近代租界区紧密地联系在一起，近代九国租界彼此毗临，现今保存下来的历史街区也相对靠近，形成连续的城市特色风貌。在改革开放之后，这些街区因位于城市中心区，周边进行了大力的城市建设，往往出现低矮的历史街区和高楼大厦仅一街之隔，传统与现代并置的局面。

作为一座历史文化名城，在2006年3月国务院批准的天津市城市总体规划的历史文化名城规划中，确定了14片历史文化风貌保护区（图12-0-1），其中6片被确认为历史风貌建筑区。其中老城厢、古文化街、估衣街历史文化风貌保护区位于老城厢及周边，是传统文化历史遗存较集中的区域；一宫花园、鞍山道、赤峰道、劝业场、中心花园、承德道、解放北路、泰安道、五大道、解放南路10片历史文化风貌保护区为原近代租界区；海河历史文化风貌保护区则将老城厢与租界区串联起来。这14片历史风貌保护区及其外围区是天津城市发展的基础，也是天津现今的城市中心区。

天津大部分历史文化风貌区能够得到妥善的保护和有序的更新，但也有一些历史文化风貌区在商业开发的大潮中失去了原本的真实性，如天津老城厢的大片胡同民居已经被高楼大厦取代，保留下来的徐朴庵旧居以及通庆里实属当时大片民居中的凤毛麟角，

---

[1] 冯骥才. 小洋楼风情[M]. 天津：天津教育出版社，1998.

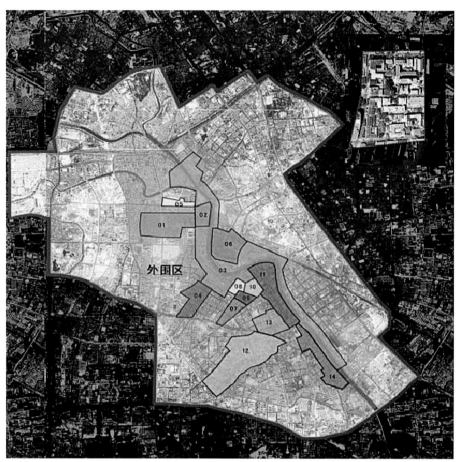

图12-0-1　14片历史文化风貌保护区图（来源：《天津历史风貌建筑》）

在现今高楼大厦的城市环境显得十分孤立。老城厢的"十字形"商业街仅保留了中心一条狭长的南北地块，其中老建筑仅存广东会馆和重建的鼓楼，其余便是一些新建的仿古建筑和具有地域建筑倾向的当代建筑，古城韵味大打折扣。商业开发是历史文化街区的发展过程中经常会遇到的问题，合理有度的商业开发可以增强历史文化街区的经济活力，赋予老街区以新的生命力，但过度的开发带来的后果往往是毁灭性的，建筑遗产毕竟是种不可再生资源，而建筑文脉一旦断裂，就很难再弥补和修复了。

旧城的更新也是天津当代城市建设中的重要课题，"拆"与"改"的矛盾、"大众"口味与"精英"视角的平衡、文脉的传承与创新都是当下天津城市建设中比较值得深思的问题。本节就从旧城区的保护与更新、旧建筑的改造与利用、新建建筑如何呼应传统文脉等三个方面解析当代天津地域建筑传承现状，并对建筑设计手法进行了一些归纳，用以抛砖引玉。

第一节   天津旧城区保护与更新的矛盾和思考

　　"保护"与"更新"从来都是一对矛盾，现今流行的"保护性更新"，很多时候就是在"保护"与"更新"的矛盾中寻求一个微妙的平衡点。在天津旧城区的改造过程中，有些案例能够在保护和更新中找新的平衡，虽然对老建筑进行了拆除重建，但确实在恢复区域人气、方便市民生活上作出了贡献。还有有一些"城市更新"则是在"更新"的名义下，对于老城区肌理进行毁灭性破坏，"更新"是有了，未见"保护"，如天津老城厢的城市更新。

　　老城厢地区在新千年之前一直保持了大片低矮、高密度胡同民居的状态，1900年城墙被拆除，改为四条马路，以马路内的范围算，面积约1.6平方公里，作为天津的旧城，面积仅相当于北京"紫禁城"——今故宫博物院的两倍不到（图12-1-1）。在进入新千年后，老城厢地区面临大面积商业开发，原有的建筑在2004年基本上被夷为平地，仅保留了广东会馆、曹锟故居、格格府等几座重要的建筑（图12-1-2）。十字街核心地区被规划为低层的商业区，被城厢东路和城厢西路两条交通干道包围，并被划分为四个地块，请来了多家国内著名设计公司进行集群设计。十字街周围地块除西北角的中营小学被划为教育用地，其余均被作为商业住宅地块出售。

　　在2015年，老城厢建设基本完成，周边呈现出高层住宅林立的状态（图12-1-3），十字街的核心商业区也招商完成开始营业。老城厢是天津的旧城中心，旅游和商业人气都应比较旺盛，但据编写团队的现状调研来看，这一带商业无论是十字街中央的传统店铺（图12-1-4），还是四角各地块的新型商业，均偏冷清，旅游和购物人流都较少。这与老城厢十字街两侧道路开辟后，十字街在城市交通中沦为孤岛这一原因有关，但核心原因已经一目了然。经过房地产开发后，老城厢已经成为当代城市中的高端住宅区，十字街中一半商业是高档消费场所，一半与其他古城古镇一样，千篇一律缺乏个性，其"市井味"与"民俗味"已然不存。

图12-1-1　2000年老城厢卫星图（来源：谷歌地球（Google Earth））

图12-1-2　2004年老城厢卫星图（来源：谷歌地球（Google Earth））

图12-1-3　2015年老城厢卫星图（来源：谷歌地球（Google Earth））

　　天津老城厢的商业开发是当下中国城市建设的一个缩影，一些保留了城市完整历史信息的街区，往往是城市商业开发中的"黄金地带"，有"寸土寸金"的商业价值，而历史街区的"修旧如旧"的修缮往往要耗费大量资金和人力，在经济利益的诱惑之下，政府往往选择推倒重建，大片历史街区因此而消失。这种做法虽然获得了眼前的经济利益，但是割断了城市的历史文脉，泯灭了城市的个性，也一定程度上牺牲了城市的观光旅游业。

天津老城厢完全可以借鉴北京后海、南锣鼓巷等胡同的开发、利用经验，政府进行水、电、网络等基础设施建设和适当的规划引导，原本的建筑所有者根据自身要求对建筑进行改造和利用，可以居住、工作，也可以将其改造成特色餐饮、酒吧、零售、民宿等各种特色街区。在北京胡同漫长的自我更新过程中，近期出现了非常多的四合院大变身为特色办公、会所、住宅、商业建筑的精彩案例，老建筑与当代生活方式接轨后，显示出了惊人的生命力。这种缓慢的更新也许需要一个历史阶段，但它为城市的发展变化提供了无限的可能性，使各种特色的传统建筑空间、生活方式得以保留，也保存了城市的人文情怀。

"拆"是非常容易的，将老城厢大片破旧的街区从地图上抹去可能只需几个月，一批批的高楼大厦重新建起来也只需要几年，可大力拆除重建之后，老城厢的大片仿古建筑和大片高层住宅还能够保留多少城市的"集体记忆"，是一个值得每个人深思的问题，天津的"两个文化入口"现在还有几个？

不止老城厢，租界区的历史文化风貌区也面临旧建筑更新的问题。五大道的民园体育场是英租界五大道地区唯一的一块公共体育用地，老民园体育场建于1926年，当时跑道结构、灯光设计、看台层次的设计属于世界先进水平，举办过许多重要国际赛事，如1929年的万国田径运动会等，在新中国成立后也承办了许多大型足球比赛，是天津球迷心目中的"圣地"。

在2012年，由于天津重要足球赛事转至泰达足球场和奥林匹克中心的"水滴"等场馆，老民园体育场利用效率较低下，正式拆除。

新建的民园体育场更加注重对公众的开放性，东侧的开放拱廊和下沉广场承担了城市广场的功能（图12-1-5），建筑更是购物、休闲、展览、剧场等多种功能的复合体，并增加了地下停车场缓解了该地区的停车问题，吸引了众多市民前来休闲，人气很高。新民园内同样铺设了塑胶跑道，保留了部分体育场馆的功能，但原有的足球场取消，改为大片无法进入的草坪。

建筑的设计传承了五大道红砖坡屋顶的古典建筑风格，

图12-1-4　十字街地区商铺（来源：王浩然 摄）

图12-1-5　新民园体育场东侧柱廊（来源：刘婷婷 摄）

立面的设计明显延续了之前的拱形门洞、拱形窗等元素，民园体育场原有的入口立面形式、比例也在新建筑中得到体现（图12-1-6），材质采用五大道常用的红砖和白色混水墙面结合，也契合了天津租界建筑的整体风格，在五大道街区中融合度很高。总之，建筑在前期策划设计和后期的业态配置上都是比较成功的，较好地完成了历史街区"保护性更新"这个艰巨的任务。

但是，民园体育场的拆除还是使众多文物保护工作者扼腕叹息。新民园建筑体量加大，使得体育运动场地减少，加之足球场的取消，大大弱化了这一地块公共体育用地的功能性质，也是为人诟病的一点。

对于历史建筑的"拆"还是"改"的问题，仿佛我们国家一直倾向于"拆掉新建"，而欧洲等历史文脉延续较好的地区则更为倾向于"改"的策略。英国泰特美术馆就是利用原有厂房改造成重量级美术馆的经典案例，意大利有卡

洛·斯卡帕这样的建筑师毕生致力于改造威尼斯的老建筑。这其中固然有深层次的文化、历史原因，但一个很重要的原因是，改造老建筑是一件费时、费力的事，而且大部分时候并没有拆掉重建经济。但随着社会的发展和人的认识水平的提高，在中国建筑行业内，有越来越多的人认同老建筑改造这种其实更加尊重城市历史的工作形式，与其拆掉后在新建筑中以各种语汇重建"文脉"，直接保留"文脉"让其重生岂不是一种更好的方式？

第二节　对文脉的直接保护与传承——历史建筑的改造与利用

天津有着丰富的历史建筑资源，市区内除大量的国家级、市级文物保护建筑外，还有不少虽未被公布为文物建筑但设计

图12-1-6　新民园体育场主入口（来源：刘婷婷 摄）

精美的老房子。天津近代工业发达，是中国北方的工业中心，保留了众多近代及新中国成立初期的工业遗产，这些老厂房在如今的旧建筑改造的潮流中，也焕发了不少光彩。

一、近代建筑遗产

五大道老建筑除少数作为故居博物馆展览对公众开放外，绝大部分建筑普通市民很难一睹这些建筑的院落、室内真容。所幸近些年来，将旧建筑改造为公共开放场所的项目不断增多，如五大道的民园西里、先农大院等。

先农大院坐落在天津市和平区的五大道地区，今河北路与洛阳道交口处，建于1925年，由先农工程股份有限公司工程师、英国人雷德设计，占地4188平方米，建筑面积5355平方米。因该址多为先农公司职员居住，故取名为先农大院，整个大院为里弄式，外为连排式。楼房采用周边式布置，由单元组成。经过7年的科学规划和精心打造，先农大院于2013年10月13日正式对社会开放，这是继民园西里文化创意街区、庆王府精品文化酒店区之后，天津五大道又一处文化底蕴和现代时尚相融合的历史街区。

街区内原始建筑多为居住使用，其使用功能的要求与现代使用功能存在较大差异。因此整修过程中，根据现代使用功能增设采暖、空调系统并配合建筑物墙体、屋顶内侧增设保温层及仿古中空门窗，整体提升了建筑的节能等级，尤其是整体提升了消防安全系统，增强了建筑的安全防护功能。整修工作不仅使街区恢复了红砖坡顶的原貌，更完整展现了原有的建筑风格，将该区域打造为集餐饮娱乐、时尚购物、文博展览等于一体的体验式综合社区。

先农大院的业态定位坚持"文化为灵魂"的原则，现有商户集餐饮、时尚、艺术、休闲于一体，作为五大道之上的公共艺术广场，让文化和艺术融入城市生活之中。因为较民园西里面积更大、空间更为开放、业态更丰富，在建成后更加受到市民的欢迎，成为天津近代建筑改造最成功的案例之一（图12-2-1）。

二、近代工业遗产

棉三创意街区是由新中国成立之初的"天津第三棉纺织厂"改造而成，棉三纺织厂已有将近100年历史，老厂房空间层高较高，空间灵活自由，非常适合创意产业的办公需求。该街区除保留和改造了老厂房和办公区外，沿海河新建了一批办公和公寓建筑，这些建筑以红砖材质和简洁的拱窗、屋顶退台等语汇呼应老建筑（图12-2-2），也丰富了海河的沿河景观。

棉三创意街区将旧厂房质朴的砖墙与钢和玻璃组成的

图12-2-1　先农大院（来源：王伟 摄）

简洁的现代形体结合在一起。入口拱廊的设计呼应了天津近代建筑的标志性立面符号（图12-2-3）。棉三创意街区的特色还体现在无处不在的节能环保理念。在棉三老厂房

屋顶上铺设了太阳能光伏发电板，基本能够满足整个街区的公共照明用电及公共空调用电，且整个街区的供热均采用地热能采暖技术。这些措施为该街区的绿色可持续发展打下了基础。

水晶城原为天津市的老玻璃厂，基地上保留有众多的工业遗迹，如老厂房、老铁轨等。设计希望充分挖掘原有地块的历史记忆，通过建筑更新改造的方式延续原有历史记忆，保留了老的铁轨、树木、灯塔等许多场地上原有的景观特质，使整个基地呈现出工业时代发展的脉络（图12-2-4）。对厂区中的标志性建筑物，如标准化车间、金属排屋架等都进行局部保留，使得整个地块呈现出非常清晰的历史文脉。

水晶城会所也是由旧厂房改造而来，会所处于基地核心位置的，由原有工厂吊装车间改造而来。车间为四层通高的大空间厂房建筑。设计拆掉了围护墙和屋顶，化解了原厂房庞大的体量。保留圈梁、吊车梁、水平支撑以及厂房中东侧和南侧两排柱子，原结构体系成为一种空间线索。新建部分

图12-2-2　棉三创意街区屋顶退台（来源：郑涛 摄）

图12-2-3　棉三创意街区老建筑改造（来源：郑涛 摄）

图12-2-4　水晶城老铁轨与建筑系（来源：郑涛 摄）

图12-2-5　形体穿插在原有结构中（来源：郑涛 摄）

在进行了功能分区后，将功能化为体块的形式穿插在原有结构中。原厂房的混凝土结构体系显得刚毅而朴素，而新部分钢材、玻璃、石材等新材料的大量使用，体现出建筑的时代气息，使新旧建筑之间充满张力（图12-2-5）。新的建筑叠加在旧的玻璃厂遗址上，强化构件本身的质感和新旧之间的明晰性，新旧体量的并置使得建筑获得了独特的艺术效果。

近代工业遗产，以及新中国成立后的一批当代工业遗产的有机更新，在国内已有不少成功案例，如北京798工厂、1933上海工部局屠宰场改造、70年历史的"飞联纺织厂"改造等，这些旧建筑改造后变身为创意产业、生活时尚、艺术展览、创意SOHO等空间，成为城市创意时尚产业的灵感发酵地。天津在这方面的起步较晚，应在充分借鉴其他城市优秀案例的基础上，根据天津工业遗产的特色和城市文化等生活的需求进行再创作。

第三节　新建建筑以多种方式呼应传统文脉

建筑是城市的组成部分，城市中的建筑永远无法脱离与周边环境的关系，"context"一词意为"语境、上下文"，

在建筑设计领域被翻译为"文脉"。建筑的设计本来就受到各种甲方要求、社会条件的限制，在满足这些要求的同时，还能够尊重城市文脉、体现城市精神和地域性，是对建筑设计者提出的更高要求。

在天津这座历史文化名城的建筑设计，很多时候都无法回避新建建筑与原有城市环境的关系这个基本问题，尤其在老城区内的建造、改造以及老城区与新城区的边缘地带的建筑设计上，这个问题会显得尤其突出。改革开放后，天津的城市建设、经济、文化迅速发展，在大量的城市建设中，也出现了许多优秀的传承地域风格的设计案例。

一、城市肌理的织补

对于"传承与变革"的问题，著名建筑师贝聿铭曾有这样的见解："如果你在一个原有的城市，特别是在老城区建造。你应尊重城市原来的组织结构，就如织一块衣料或毯子一样。"①但尊重原来的组织结构并不是一味地模仿原有的形式，传承文脉意味着从建筑身处历史环境的角度出发去思考设计，但可以通过新颖的形式来达到与老城区和谐的意图，同时满足建设方的要求。

中国银行天津总部位于五大道东南的一个三角地块，建筑师首先将建筑体量化解为一栋高层建筑和数座四层左右的分散建筑，每座建筑的体量与五大道的小洋楼相当，布置在靠近五大道一侧，将五大道红砖小洋楼的文脉延续到基地中来（图12-3-1）。在高层建筑的设计上，建筑朝向友谊北路和永安道的立面采用非常常见的竖向长窗处理方式，朝向五大道的一侧两个立面则采用了类似中国传统建筑窗格"万字纹"的开窗组合方式，使得建筑在面向传统街区与现代街区时，呈现出两种不同的表情，并和谐的统一在一座建筑中（图12-3-2）。

位于老城厢北市商业区——大胡同北侧的泰达城规划，从2004年开始推进，泰达城位于天津海河岸边的老手工业基

① 同济大学建筑与城市规划学院. 罗小未文集[M]. 上海同济大学出版社，2015.

图12-3-1　中国银行天津总部总图（来源：百度地图，改绘：刘婷婷）

地的三条石地区，这里是具有天津历史传统的老城区，三条石地区指的是南、北运河以及河北大街构成的三角地带，这里水、陆交通便利，是天津早期商贸繁华之地。自元代起，这一地区随漕运和贸易兴盛开始逐渐发达；1860年前后就出现了最早的手工铸铁作坊；1900年后出现了为国外租界的建筑设施服务的铁工制造，截至1914年三条石铁工作坊达10多家；1937年前三条石地区铸铁和机器业发展到兴盛时期，"两业"工厂达300余家，成为当时有名的"铁厂街"。但在经历战争破坏等各种劫难后，这一街区已经无可避免地走向衰落。

在规划设计中，设计师保留了基地上自17世纪以来自发形成的城市肌理，在平整土地后除原有的福聚星机器厂旧址（图12-3-3），绝大部分建筑被拆除，但大多数树木被保

存下来成为道路的行道树。与国内现有的封闭住宅小区开发模式不同，原有的路网继续在城市道路系统中发挥作用，沿街2~3层的建筑继续保持了原有的街道尺度，延续了原有的城市意象，并形成了业态丰富的沿街商业（图12-3-4）。高层建筑、低层住宅建筑和商业建筑相结合，低层建筑形成了丰富的城市公共空间，高层住宅在其中生长起来，提供了甲方需要的足够的建筑面积（图12-3-5）。

这个理念先进的规划获得了专家的一致认可，但在实施过程中困难重重。首先，城市管理部门对开放、混合居住区的管理问题疑虑重重；其次，"混合使用功能"这个国外常见的提法，在国内并没有对应的规范和法规，难以对项目进行分类。最终，泰达城大部分地区仍以传统居住小区的模式进行开发，仅1/5用地（今尚都家园地块）按照最初构想进行

图12-3-2   中国银行天津总部面向新城区和五大道的两个立面（来源：华汇建筑官网）

图12-3-3   聚福星机器厂旧址（来源：刘婷婷 摄）

建设（图12-3-6、图12-3-7）。

　　该地块被依照之前路网划分成了8个尺度不同的地块，

每个小地块从 0.5 公顷至 2 公顷不等，地块间交织着 6~8 米红线的窄路网，用地内平均街段长度 119米。地块住宅建

图12-3-4 泰达城规划平面（来源：MVRDV工作室）

图12-3-5 泰达城整体鸟瞰（来源：MVRDV工作室）

图12-3-6 尚都家园地设计鸟瞰图（来源：开发商销售资料）

图12-3-7 尚都家园地块功能与交通分析（来源：MVRDV工作室）

图12-3-8 商业与住宅的有机结合（来源：刘婷婷 摄）

图12-3-9 地块内的步行支路（来源：刘婷婷 摄）

筑街区两侧栉比鳞次的店铺宛如城市街景，折线形的道路系统也带来了视线的巧妙转折（图12-3-8），丰富的支路设计和不期而遇的广场和绿地更增加了社区步行的趣味性（图12-3-9），使得新建的居住区不但保留了老城浓厚的商业氛围，延续了城市旧时的生活记忆，更方便了居民的日常生活。整个住区形成了丰富的"缩微的小社会"，具有城市环境一般复杂的动态变化，达到了设计者"混沌的复杂性"的设计初衷。同时，开放的住区道路对于疏导城市的交通拥堵、增加城市的道路网密度方面，也有不小的贡献。

二、以当代手法呼应传统建筑体量与形式

耀华中学改扩建工程，同样体现出对传统文脉的尊重和新旧建筑的和谐统一。新校区于2003年建设完成，位于老校区原有三角形建筑群的东北一侧。在整体布置上，新旧校门之间通过一条转折的轴线把两组建筑群串联起来，使整个校园空间流畅贯通（图12-3-10）。

天津耀华中学老校区为天津近代著名的私立中学，占地3533平方米，校舍总平面近似三角形，沿东部周边式布置，第二和第四校舍有过厅相连，第一和第三校舍用大礼堂的门厅衔接，平面布局为内廊式，连贯互通，有机组合，紧凑而实用。整体建筑群为古典简化形式，平屋顶，在各入口处是文艺复兴风格的柱式、山花等，而在墙面装饰与窗洞的划分

上，比较简洁有力，具有欧洲新古典主义建筑的风格特征。

　　新建筑虽未采用古典元素，但在立面比例与元素构成上均借鉴了老建筑，以学校的入口为例，老校门以古典的柱式和精致的门头装饰突出入口（图12-3-11），新校门则以简洁的现代柱式呼应古典的建筑比例和细节（图12-3-12）。新楼用深褐色的仿砖立面，色彩与旧楼以及周边区域的建筑红色清水砖墙一致，并保持与旧楼檐口高度的一致，在色彩、尺度和体量上都与老建筑进行呼应，在校园内部形成完整而连续的街道空间，透过校园的新建筑，可以看到新老建筑已经有机的融合在一起（图12-3-13）。新建筑在设计中努力将古典建筑的装饰细节内化为形体语言，与传统近代建筑的细致雕琢形成有趣的对比和呼应（图12-3-14）。

　　新楼面向山西路一侧的主立面用一片高高的柱廊串联起四栋教学楼，这道160米的柱廊划定了学校的空间范围，柱廊呈弧形凹陷，在新校门前让出了一片疏散广场，同时降低了建筑对城市街道的压迫感，也形成了一片噪音的缓冲地带。新建筑利用弧墙一侧建筑首层地坪的整体抬高，隔绝了来自城市的干扰。而这160米沟通学校内外的廊道也成为师生交流的平台，增添了学校的人文气息（图12-3-15）。

天津西站是一座已有百年历史的德式古典主义老建筑，后因为原有站房不能满足高速铁路的需要而新建站房。新西站的设计邀请了众多国内外设计机构参与，在建筑设计上，如何处理与老建筑的关系、传承建筑文脉是新建筑设计的一

图12-3-13　透过庭院看老校舍（来源：魏刚 摄）

图12-3-10　耀华中学人流分析图（来源：《地域性的设计方法在天津当代建筑实践中的应用研究》）

图12-3-11　耀华中学老校门（来源：网络）　　图12-3-12　新校门对老校门的形式呼应（来源：魏刚 摄）

图12-3-14　教学楼入口细部（来源：魏刚 摄）

图12-3-15　耀华中学新楼底层柱廊（来源：魏刚 摄）

图12-3-16　新西站站房（来源：郑涛 摄）

图12-3-17　古典的柱廊（来源：刘婷婷 摄）

个难点。新西站最终选择了一座具有新古典主义气质的建筑方案，站房设计以圆拱和放射状百叶形象表现光芒四射，寓意天津城市发展的美好前景和光辉未来（图12-3-16）。主入口的柱廊则以简洁而节制的形式传承了老西站的古典形式（图12-3-17）。

候车大厅形体类似1851年英国世界工业博览会上的主场馆"水晶宫"，"水晶宫"是工业时代建筑行业大变革的前奏，通体以玻璃和钢制成，室内宽敞明亮，空间灵活性强。它打破了古典建筑沉闷刻板的形象，表达了一种变革求新的

精神。宽敞的拱形大厅为候车室带来了灵活流动的空间和充足的光线，屋顶的菱格形构造设计与遮阳帘的设计也颇具美感，体现了当今的技术水平和审美情趣（图12-3-18）。

新西站方案竞赛中的另一个方案更直接传承了老西站的古典主义特色，方案在对老西站的形式与比例进行研究后，以此为依据控制新建筑的形体与比例，根据新站房的要求将两翼加宽，获得了典雅而又舒展的建筑形体。同时将老西站的山花、坡屋顶、钟楼等元素应用在新建筑的设计上，在色彩与材料上也与老建筑遥相呼应（图12-3-19）。传承是其

图12-3-18　候车厅室内（来源：郑涛 摄）

图12-3-19　新西站竞标的参赛方案之一（来源：天津大学建筑设计院）

方案的最大亮点，但也是失败之处，一味地追求形体和细节复古很大程度上违背了当代建筑创作的初衷。

三、对历史文化传统的隐喻

天津工业大学的前身是天津市纺织学院，纺织工程的各个层面就是天津工业大学的历史文脉。在天津工业大学新校区的游泳馆设计，其构思灵感源于纺织中的织布艺术，千万根丝线经纬方向不停地穿梭，织就一件件精美的服饰（图12-3-20）。

建筑的金色幕墙摒弃了穿孔金属板的常规做法，转向采用铝方通的编织样式，在最里面的菱形钢构上覆盖铝单板。以此为基础，依次叠加不同规格的铝方通，创造一种渐变的肌理效果（图12-3-21）。巨大的金属网格疏密有致，几个层面的铝方通一气呵成，宛如一匹织作精美的玉帛。通过对本建筑体型、色彩以及装饰肌理的研究，创建一个最契合校园文脉的建筑空间形象，打破了高校体育建筑千篇一律的方盒子形象，是高校体育建筑地域特质的有力诠释（图12-3-22）。

基于天津传统与近代建筑的现状，天津当代建筑文脉的传承可以分为老建筑更新与新建建筑两个方面。老城更新不单单是一个建筑课题，更是一个包含各种复杂因素的经济和社会问题。依据其他城市的既有经验和天津旧城更新的实践，将社会效益放在经济效益之前，将老城更新当作一个长期持续的事业，进行有机的传统、近代、工业建筑遗产改造再利用，是一个非常好的思路，切勿随意采用大拆大建的模式对待城市建筑遗产。

图12-3-20　游泳馆主入口（来源：魏刚 摄）

在新建建筑方面，本书总结了织补肌理、呼应建筑体量形式等几种手法以抛砖引玉，"传承文脉"本身就是一个比较写意的概念，还有许多设计手法有待设计师去挖掘和创造。但所有设计手法背后，都有一个最基本的出发点，就是对建筑遗产的尊重和对城市历史、文化传统的深刻理解，这是完成所有城市更新的最基本出发点。

图12-3-21　游泳馆细部（来源：魏刚 摄）

图12-3-22　游泳馆立面远观（来源：魏刚 摄）

第十三章 基于空间变异的天津当代地域建筑创作特色

　　传统建筑经典的室内外空间设计，是传统建筑文化中非常精髓的部分，能够表达出传统建筑的精神内核和深厚底蕴，如中国传统建筑中的院落空间、"檐下空间"等，都可以看作是东方传统文化、哲学、思想的外在表达，这些传统建筑空间可以唤起这个民族的内在的集体记忆，在当下中国比较浮躁的社会环境中，这些传统建筑空间以及基于这些空间变异而创作的建筑，尤其难能可贵。

　　近代租界规划和建筑也有非常多的精彩的空间原型，天津这个城市以"海""河"文化的开放心态接纳了这些近代建筑、街区，并使之成为天津城市特色中不可替代的重要组成部分。在当代建筑设计中，这些建筑特色室内外空间，也得到了广泛的借鉴，在中国越来越开放、民族自信心越来越强大的今天，东方与西方建筑的融合与碰撞也会越来越激烈，这些优秀的近代建筑也为中国的设计师提供了源源不断的灵感源泉。

第一节 基于中国传统建筑特色空间原型变异的地域建筑创作分析

天津建卫六百年来，中国传统建筑得到了长足的发展，并具有形式灵活自由、注重功能性的特点。在公共建筑方面，广东会馆、谦祥益、清真大寺等建筑体现出传统建筑对特殊功能形式的呼应，在传统建筑空间组合、结构创造上均颇有新意。在居住建筑方面，石家大院、徐朴庵旧居等四合套院落体现出较传统四合院更大的灵活性，张家大院等传统穿堂民居更是传统居住建筑文化中非常有特色的部分。这些独特的空间形式对于当代建筑的创作产生了很大的启发。

一、"院"的传承

"四面围合的概念似乎是中国人看待空间的基础。"[①]在城市规划方面，我国传统城市均具有城墙，尽管武器的发展使得城墙的防御功能越来越弱，但城墙依然被持续建造，显示出城墙具有某种象征意义。具体到建筑层面，从皇家住所、衙署、庙宇到普通民居均以庭院为基础。无论是北方较宽敞的四合院落还是南方住宅中小小的一方天井，这一方小院对中国人意味着天地的精华、四时的流转和风云的变幻，院落将阳光、风等自然气息带入居室，同时院落中植物、装饰的配置体现了主人的志趣和追求，是中国人传统精神的寄托，也是中国传统文化中"天人合一"思想的朴素诠释。多层次的院落往往具有"递进的私密性"，即一系列在住宅等

院落中展开的空间递进，如一般访客只会被允许使用入口处的前厅，但朋友和亲戚会被允许进入第二个院子以及旁边的厢房，在庙宇等公共建筑的空间序列中，也有这种由开放到私密的空间递进。

坐落在天津大学的冯骥才文学艺术研究院在建成之初就受到了广泛的关注，原因在于其独特的建筑设计理念。建

图13-1-2 植物绿化丰富的外庭院（来源：华汇建筑官网）

图13-1-3 静谧的内庭院（来源：华汇建筑官网）

图13-1-1 冯骥才文学艺术研究院（来源：华汇建筑官网）

---

① 格雷戈里·布拉肯. 上海里弄房[M]. 上海：上海社会科学院出版社，2015.

筑首先以高高的围墙将基地围住，形成一种面对周围环境的防御姿态，与传统院落不同的是在墙面上二、三层的位置开了大面积洞口，将基地内的优美景观透露出来（图13-1-1）。建筑主体体量将方形院落切割成两个梯形院落，两个院落通过底层架空的展馆下的水池联通，入口处的院落相对开敞，众多学生和游客在此观赏水池中的锦鲤和冯骥才先生的诸多收藏品（图13-1-2），里侧的小院落则种植了竹子、莲花等植物，相对优雅清净（图13-1-3），里侧院落的一角为冯骥才工作室，与主体展馆通过廊道联通。这座建筑的院落设计就完美地体现了"递进的私密性"这个中国传统建筑的空间概念。

冯骥才文学艺术研究院外墙的凿毛混凝土工艺，形成类似于条石的粗糙质感（图13-1-4），但相较于干挂石材的外檐做法大大降低了成本，且效果浑然一体，说明传统工艺做法在当下建筑设计中依然具有极强的生命力。在建筑院内

铺装上，为了营造地面的丰富的肌理，把传统建筑中的小青瓦竖起来按照"柳叶地"的砌法铺成小径（图13-1-5），是对传统材料和工艺的一种传承。

同样位于天津大学老校区校园内的王学仲艺术研究所，其设计也体现了中国传统建筑的院落概念，并借鉴了传统园林的营造手法。

王学仲，著名书画家，曾任教于天津大学建筑系，教授素描和水彩。其艺术研究所基地选择在第七教学楼西侧，位置虽然很突出并靠近建筑学院，但周边环境并不理想。西、南两侧邻近学校主要交通干道，东、北两侧又贴近化工系教学楼。面对这些不利因素，建筑设计只能在闹中求静，最大限度地避开周边环境的影响。王学仲毕生从事于中国书画的研究，且在文学、诗词等领域也造诣颇深，是典型的国学大师，其研究所应表现出我国传统建筑文化的内涵和意蕴，并能给人以质朴典雅的感受。建筑规模虽然不大，但设计师力求小中见大，并借助内外空间交融渗透和高低错落的轮廓线变化，以使之具有丰富深邃的层次感（图13-1-6）。

方案吸取传统民居常用的手法，采用了四合院的平面布局，并把入口选择在东南角上，入门后通过短廊径直可进入主体部分——交谊厅和展览厅。三面围合的庭院面积虽小，设计却非常精致，曲桥和斜墙的设计借鉴了传统园林的造景手法（图13-1-7）。办公室区离马路较近，为避免干扰设置了一个狭长的小院，同样以园林造园的手法营造了一方小天地（图13-1-8）。

天津大学校第26教学楼，在院落空间的组织上同样别具匠心。26教学楼基地狭长，并处于学生食堂和一众教学楼的包围之中，与天津大学老校区的中心景观——敬业湖也

图13-1-4　冯骥才文学艺术研究院的凿毛混凝土（来源：《地域性的设计方法在天津当代建筑时间中的应用研究》）

图13-1-5　院落铺装（来源：《地域性的设计方法在天津当代建筑时间中的应用研究》）

图13-1-6　王学仲艺术研究所（来源：彭一刚 摄）

图13-1-7　内庭院（来源：彭一刚摄）

图13-1-8　小天井（来源：彭一刚摄）

相距甚远。设计师将建筑设计为数个连续半封闭的庭院，在对个方向人流进行估算后，确定面对敬业桥方向为建筑的主入口，同时在面向敬业湖和面向学校食堂一侧设计了两个次入口，这三个入口将建筑的封闭庭院形式打破，并以各种折线、弧线以及高差的设计形成了各个入口的标志性庭院空间，使得近300米长的建筑全无单调、乏味之感（图13-1-9）。

　　建筑从总图上看仿佛是由数个封闭庭院构成，但东西方向实为贯通的。学生可自东侧广场的入口经一系列高低错落的架空廊道、平台漫步至最西侧的湖边绿地，其间多处开放的二层室外平台也给学生提供了观景和交流的场所（图13-1-10）。整座建筑以巨大的体量弥合了天大老校区教学楼布局散漫、缺乏联系的缺点，并在建筑中形成了数个半开放的小广场，因其丰富的外部空间广受学生欢迎。

　　建于20世纪80年代的学湖里小区，在小区公共空间的围合上进行了非常有创造力的探索，可以称之为传统院落空间的有趣变异。设计将住宅楼以弧线形围合出了相对封闭的院落空间（图13-1-11绿色部分），解决了行列式住宅

缺少围合感和私密感的问题，同时面向城市道路的弧线形界围合出了城市的街边绿化景观（图13-1-11橘色部分），也为部分住户避免了城市噪音的干扰。社区中央的两个组团采用错落拼合的方式营造出组团院落空间，与弧线形方式有异曲同工之妙。弧线形的形体同时带来了活泼的建筑形式，建筑形态自由舒展，被居民亲切地称为"蛇形楼"（图13-1-12）。

　　在天津当代住宅设计中，也有不少传承传统建筑文化精髓的优秀案例。里弄住宅作为天津近代常见的一种居住形式，可以称之为天津本土住宅建筑的代表，但传统里弄住宅实为西式联排住宅的变异，占地面积大，容积率低。但当下常见的行列式住宅单调的形体和千篇一律的小区环境也常常为人诟病。在这种情况下，万科水晶城的"洋房"一出现便在住宅设计界引起了轰动。水晶城打破了集合住宅单调的"一"字形形体，将4～5层的建筑单体设计成逐层退台的形式，底层退台的设计使一、二层的居民获得了"U"形的院落空间，形成集合住宅中难得的具有围合感的院落空间，同时将公共楼梯的设计融入建筑的退台空间中，赋予单调的交

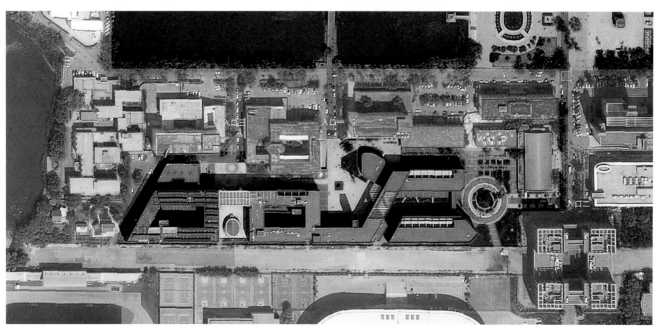

图13-1-9　天津大学第26教学楼总图（来源：百度地图，改绘：刘婷婷）

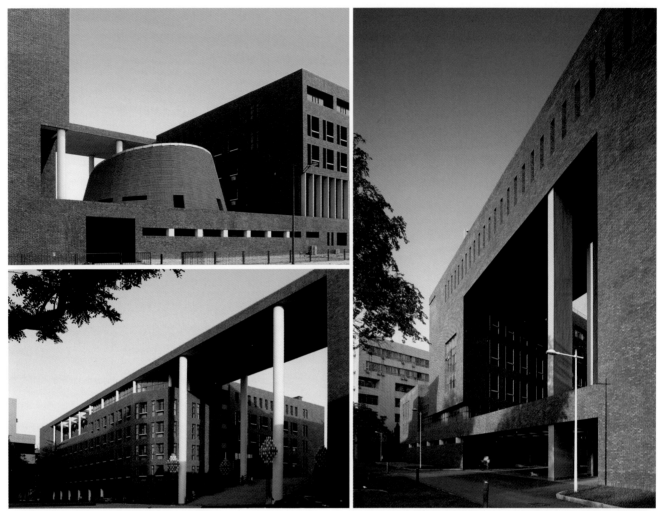

图13-1-10　天津大学第26楼的各个入口透视（来源：魏刚 摄）

图13-1-11　"蛇形楼"院落空间示意（来源：百度地图，改绘：刘婷婷）

图13-1-12　"蛇形楼"沿街（来源：网络）

通空间更多趣味性。

水晶城的多层几何集合设计与民园西里北侧的里弄住宅形体有一定类似（图13-1-13、图13-1-14），退台形的建筑形体和院落空间的趣味性体现出对天津传统居住建筑文化的传承。在建筑材料的选择上，水晶城面砖与混水涂料的搭配也与近代里弄住宅不谋而合。"水晶城洋房"也因其精良的设计成为开发商的一个招牌产品，原因就在于它是植根于天津深厚传统建筑文化土壤中的设计作品，具有浓厚的地域文化特色。

二、"墙"的变异

在天津最具近代居住建筑特色的里弄住宅设计中，住户

图13-1-13　水晶城洋房院落（来源：郑涛 摄）

图13-1-14　五大道里弄住宅院落（来源：郑涛 摄）

从城市空间到达自己的家需要经历"城市道路—弄巷—自家院落—室内空间"四个空间层次，在此过程中空间变得越来越私密，居住者可以体会到私密感和归属感的不断增强。这种私密感往往是以"墙"这种建筑元素达成的，住户进入里弄后，是在"弄墙"、建筑"山墙"等各种墙之间的穿行，较为封闭的公共空间环境自然为住户提供了私密感。

中国传统建筑院落中"递进的私密性"空间的达成有时也是依赖于"墙"的设计。"墙"的元素同时也是中国传统建筑文化的一个标志。无论是普通民居四合院的围墙，还是皇家紫禁城的深深宫墙，乃至绵延千里的塞北长城，"墙"已经是中国传统建筑的一张名片。从深层次上来讲，保守内向的住宅体系，是两千年来安土重迁的农耕文明下，整个民族文化集体无意识的一种体现。在近代建筑中，五大道地区街道景观呈现出"犹抱琵琶半遮面"的独特东方美感，多半也是各式围墙的功劳。

但在里弄中，虽然私密感得到了保证，住户的公共空间却被挤压，许多老式里弄基本没有公共绿地等空间，如民园西里、世界里、山益里等，少数有公共绿地的里弄如生牲里，其公共绿地只是供回车的干弄间的一条狭长绿地，公共交流的功能非常弱。

公共空间的设计已经是当代住宅小区设计上的一个重点，如何吸取传统里弄住宅归属感强的优点同时保证公共空间的质量？同样以水晶城为例，其宅间绿地公共空间的设计就巧妙地解决了这个问题，利用经过精心设计的"围墙"将相邻两栋住宅楼连成一个院落，在围墙上设置现代的"门房"，兼有报纸收发和停放自行车等功能（图13-1-15）。围墙的用意并不在于防御，而在于限定空间，使居民从小区

图13-1-15　水晶城的组团院门及组团院落空间（来源：刘婷婷 摄）

道路进入围墙内部时，就能够得到归家的归属感。这种设计手法对于改善现今"行列式住宅区"小区景观环境的单调状态具有一定的积极意义。

三、"檐下"空间的抽象

中国传统建筑有许多值得借鉴的空间原型，如古建筑中重要的室内外过渡空间"檐下"空间（也常常被称为"灰空间"），往往采用柱廊在立面上营造出美丽的阴影。在新中国成立之初，全国上下经过对"民族形式"的写仿阶段，古建筑中的檐廊形式被广泛用于大型公共建筑的入口处理中，如建于1959年的天津市大礼堂，入口的檐廊就借鉴了古建筑的外廊形式，雀替等细部的借鉴也比较写实（图13-1-16）。

图13-1-16　天津市大礼堂（来源：网络）

中华剧院位于天津市河西区隆昌路与平江道交口，紧邻银河文化广场、天津博物馆、天津大礼堂、天津会展中心等著名建筑。中华剧院主要为演出京剧而设计，因此选用了中国传统建筑元素来重新进行组合，使得整个建筑充满了古典韵味。

剧场造型方整，呈南北长向布置，南侧作为主入口朝向城市（图13-1-17）。入口空间是该建筑的重要部位，建筑师选取了中国古代重要建筑中的檐廊、高台阶等元素，用宽阔的大理石台阶将剧院入口抬高至二层。主入口和侧向立面用红砖色陶砖饰面营造了一个大框架，形成了类似舞台的效果。建筑师将中国传统建筑中的要素"嫁接"到当代建筑的简洁体量中，保留柱、檐枋与雀替的意象，顶部运用钢构件模仿传统建筑中檐下的椽子，形成类似古建筑的"檐下"空间和丰富的立面光影效果（图13-1-18）。

随着改革开放后各种建筑思潮的涌现，对传统建筑"檐下"空间的传承从直接的"写仿"变成了生动的"写意"，一些建筑的入口处理有对传统建筑中"檐下"空间的借鉴，但经过几何的变形后已经完全摆脱了传统建筑的影子，并有了适当的创新，如新建的天津历史博物馆。历史博物馆位于天津市文化中心区域内，附近有天津图书馆、档案馆、大剧院等重要公共建筑，人流量较大。建筑以宽大的出挑营造出尺度颇大的室内外过渡空间，为文化中心广场营造出大尺度的"城市檐下空间"作为室内外的过渡，同时可作为建筑的

图13-1-17　天津中华剧院外观（来源：刘婷婷 摄）

图13-1-18　天津中华剧院檐廊（来源：刘景樑 摄）

图13-1-19　天津历史博物馆外观（来源：刘婷婷 摄）

集散广场（图13-1-19）。在建筑入口的东侧还设计了直通二层的半室外的坡道和台阶，成为城市公共空间到建筑室内的延伸（图13-1-20）。

中国传统建筑设计遵循着一些传统的东方哲学与智慧，如老子道德经中讲的"埏埴以为器，当其无，有器之用。凿户牖以为室，当其无，有室之用。故有之以为利，无之以为用。"意为用陶土做成器皿，有了器具中空的地方，才有器皿的作用。开凿门窗建造房屋，有了门窗四壁内的空虚部分，才有房屋的作用。可以理解为，"有"是为"无"服务的。这种哲学思想深刻地影响了中国传统建筑的布局形态，提醒"人"在与"自然"的关系中保持谦逊的姿态。

这些优秀的传统文化和由此衍生出的独特的空间原型——院落、围墙、檐下空间等，对于当代的建筑设计有颇多的启迪。天津的传统建筑也还有许多有特色的空间原型有待发掘，如戏台空间，戏台既可以出现在石家大院的深深院落中，也可以满足广东会馆公共建筑的空间需求，在谦祥益绸缎庄中甚至可以作为卖场空间使用。多功能复合、空间灵活使用的思路对于当下的功能复杂的公共建筑、面积较小的住宅建筑的设计就有一定的启发。传统建筑空间原型的宝库还有许多有待发掘的地方。

图13-1-20　天津历史博物馆室外大台阶（来源：郑涛 摄）

第二节　基于天津近代建筑空间原型变异的地域建筑创作分析

　　天津近代租界建筑的规划与街道空间设计在上篇近代建筑章中有所提及，从中不难看出，近代租界外部空间大都依照西方古典的规划原则，富于良好的街道尺度和对景关系。完整的街廓形态和精心的广场设计，在当代建筑设计和规划中也常常被借鉴。

一、近代租界城市外部空间变异——街道与广场

　　泰安道"五大院"项目就是一个这样的典型案例。泰安道地区曾是英租界的政治、经济中心，同时靠近解放北路金融街和海河，位置优越。在1976年唐山大地震后，废墟上建设起来的参差不齐的建筑，对地区风貌有一定影响。"五大院"项目应运而生，"五大院"即五个院落围合的新建建筑组群。为了保护英租界的地区风貌，所有的道路骨架、街廓尺度、建筑肌理均为规划师、建筑师仔细推敲而成，并与老建筑们发生关联，完成一种"织补式"的街区更新设计。建筑布置充分考虑了与原有的公共绿地——维多利亚花园的关系，维多利亚花园和每个院落之间的连接方式不尽相同。二、三、五号院之间都设置了直接对应维多利亚花园的出入口，院落之间的联系路线明确清晰且彼此相互贯通。北侧的一、四号院功能偏向居住，在开口设计时则偏向海河方向（图13-2-1）。

　　五大院的空间体系是"合而不围"。所谓"合"，是指五大院落统一的传统院落布局。"不围"是指五大院之间通过空间的相互渗透、相互联系，并没有"互不相干"，而是形成了一个开放、互通的空间体系。[①]每个院落之间的联系方式，除前文所述的通道联系，视线通廊的设计也非常巧妙。视线通廊的位置和路径，都经过了精心的选择，使得五大院之间的相互借景、对景成为一大特点。如在四号院内，首层餐厅对应着一号院的钟楼，将景观引入到院内（图13-2-2）。

　　在三号院的设计中，将传统租界室外广场的空间特色引入建筑的组织中来，某个十字交角处，四角四座建筑均以45°斜角形式处理转角关系，并与连廊形成了一个八边形小型广场，形成了一个具有仪式感的景观节点。这种以建筑围合广场的形式在天津租界区中比较常见，如"梨栈"大街的劝业场广场、意租界马可波罗广场等。与老租界的广场相比，三号院中的小广场尺度更为亲切宜人，也可以称之为街

①　天津泰安道五大院之空间处理与场所营造[J]．华中建筑，2014：189～190．

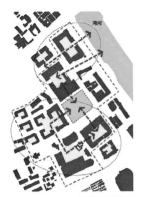

图13-2-1　五大院总图关系
（来源：《泰安道五大院之
空间处理与场所营造》）

图13-2-2　钟楼景观（来源：《泰
安道五大院之空间处理与场所营
造》）

区中的内部庭院（图13-2-3）。

二、近代建筑室内空间特色传承——共享空间

在本书中篇中，曾详细介绍近代公共建筑恢宏的室内空间设计，比如近代建筑中常见的通高大厅、屋顶天窗以及大厅楼梯的布局手法，就作为经典的设计手法在当代设计中不断被传承。

在天大新校区的图书馆设计中，入口大厅和两侧楼梯的设计是其内部空间最大的亮点。大厅通高两层，平面方正，

图13-2-3　三号院小广场（来源：刘婷婷 摄）

气势宏大。两个对称的直通四楼的楼梯厅位于大厅的内侧，成为大厅空间的延伸，经过错落有致的设计，楼梯在连通各层空间的同时自身成为大厅中的一处景观。结合屋顶的天窗和格栅设计，形成美妙的"光的天井"（图13-2-4）。这种共享空间设计手法与近代建筑公共建筑内核相似，但在材料的选择和空间造型上，则更为简洁有力，使得室内空间更为现代明快。（图13-2-5）。

由于现代主义运动对于西方装饰传统的颠覆和现代主义倡导的"流动空间"的发展，这些传承近代建筑空间的建筑设计，往往具有装饰简洁、空间更为灵活自由的特点，与近代建筑空间直观看上去有很大不同，但空间元素的特色还是被保留了下来。对近代建筑空间的不断解析和借鉴，对于丰富当代建筑设计的空间元素，无疑有非常重要的意义。

"空间"组织，是城市规划与建筑设计的根本。天津作

图13-2-4　楼梯井空间设计（来源：郑涛 摄）

图13-2-5　楼梯丰富的光影（来源：郑涛 摄）

为一个同时拥有众多中国古代建筑文化遗产和近代建筑遗产的城市，在传承中西方优秀建筑空间文化两个方面，都有不少的优秀建筑案例和实践心得。传统中国建筑讲求群体布局的和谐，讲求"天人合一"、顺应自然，因此非常注重与环境的关系，注重"院落"、"灰空间"等空间层次的运用；西方建筑则是以建筑为中心，擅长营造恢宏大气的公共空间，因此无论其室外公共空间还是室内共享空间，均在尺度设计和营造气氛等方面有不少经典案例。这些传统空间形式以东西方特色文化为支撑，均有着极强的生命力，东西方建筑文化在天津交汇、融合又各自不断发展前进，共同形成了天津当代丰富多彩的城市面貌。

第十四章　基于风格、形体、符号的天津当代地域建筑创作特色

　　无论是中国还是西方传统建筑，在历史上都形成了鲜明的形式风格，并且都非常注重装饰的作用。中国传统中的木雕、砖雕、石雕技艺在明清时发展至成熟完善，从现存的石家大院、徐朴庵旧居等建筑中可见一斑，这些传统大院砖石雕刻技艺高超、栩栩如生，体现出一种雅致的生活情趣；西方古典建筑则以精美的柱式、线脚、山花等元素装饰建筑。随着社会生产力的发展，装饰纹样的制作方式转向工业化生产。在20世纪30年代的天津艺术装饰风格的建筑中，中国大剧院的祥云、新华信托银行的菊花装饰带等民族风的装饰纹样，都已经是工业化生产的产物。建筑装饰的潮流直至现代主义建筑的兴起方才式微。

　　直到20世纪20年代，现代主义以一种变革的姿态否定一切装饰，带来了建筑设计思想的大变革。对于"装饰"这个争论不休的问题上，英国著名建筑理论家、建筑师彼得·柯林斯的解释非常深刻，他认为，装饰与不装饰，装饰的方式和简繁程度，自古以来，它的一个重要作用就是区分不同的建筑，哪些更重要、更华贵，以配合不同阶层或不同活动的需要。在现代社会中，建筑的功能变得异常丰富和复杂，更需要外观上的区分。从这个角度上讲，当建筑面临区分时，装饰这个因素就会不可避免的显露出来。在他的《现代建筑设计思想的演变》一书中，他认为"装饰不可能消失，只是以另外的形式出现在建筑中。在当今的建筑设计中，装饰以细部的形式出现，建筑细部结构本身的合理、美观取代了以往在建筑外的附加装饰。"[①]

　　在克利夫·芒福德(Cliff·MountCrawford)的《美化与装饰》一书中，他对于装饰的

---

① 王丽方. 对十九世纪西方建筑史的几点思考[J]. 世界建筑，2002：13~15.

意义和功能进行了详尽的分析。在意义方面,他认为装饰的固有意义在于能够代表场所的表现或是占有那个场所的社群的表现,具有符号作用,"可以被看作文化进程和社会价值的反应或标志,以此彰显出社会意义。例如,城市的装饰性天际线不仅代表着占据城市的社会符号,而且能够提供关于其组织和权力的信息和线索。由此,装饰可以成为代表社会生活和价值观的社会标志"。

此外,装饰还具有统一街区风格、缓和各主要元素之间的过渡、突出建筑中的最主要部分等功能。天津丰富的建筑遗产包含中西历史上的各种风格,其作为"文化进程和社会价值反映或标志"的丰富装饰语汇,不能不说也是一笔宝贵的文化遗产。

阿尔多·罗西对现代主义城市规划的功能提出批判的同时,阐述了居民对城市历史的"集体记忆"的思想。他认为,城市通过历史来传递文化,经由历史发展起来的各种城市本身已经从类型学的角度为今天的城市提供了方案,即各种类型的城市形态不是新的创造,而是重新应用已有的类型。在建筑设计领域也是如此,除了装饰符号这种细节的元素,传统建筑的形体也在一定程度上也具有符号般的可识别性,成为设计素材的来源,并不断唤起市民对于过往城市景象的"集体记忆"。

第一节　对中国传统建筑形体与符号的借鉴

在各民族传承的建筑艺术中，建筑形体特征，包括虚实、比例等，经过了长时间的检验，形成今天以经验和理性方式继承的形式美规律。借鉴这些建筑形体和装饰符号，是延续当代建筑与历史之间联系的重要手段，也是地域建筑对传统最直观的回应方式。

图14-1-1　周邓纪念馆形体（来源：郑涛 摄）

一、对中国传统建筑形体的借鉴和变形

周恩来、邓颖超纪念馆的设计，吸取了中国传统建筑设计的精华和韵味，提炼传统符号，又以斗形四坡顶进行了变形处理。它取消了传统建筑中的正脊，代之以"凹"形的变形；其次在屋顶中下部作一水平分割，这种屋顶处理打破了传统大屋顶的压抑之感（图14-1-1）。除了大屋顶元素外，建筑庄重对称、中央高起的形体布局以及入口门廊等灰空间的处理，也借鉴了中国传统建筑群的形体处理方式（图14-1-2）。

在2012年正式对外开放的天津文化中心，位于群体中轴线位置的天津大剧院是整个建筑群的核心建筑。大剧院体量巨大，内有三个剧场，设计师将三个剧场统一在整体的半圆形大屋檐之下，使其以简洁完整的体量和对称的造型成为整个建筑群的中心景观（图14-1-3）。

大剧院坐落在高高的台基之上，建筑主体部分采用玻璃幕墙，层层出挑的屋顶以其宽大的挑檐覆盖整个建筑主体和台基部分。高台基、大屋檐和立面虚实结合的檐廊这种"三段式"的立面构成方式与中国古建筑的立面构成如出一辙，天津大剧院以当代的手法将这些传统建筑的形体特点抽象地表达出来，赋予这座建筑以传统的神韵（图14-1-4）。

图14-1-2　周邓纪念馆大屋顶（来源：郑涛 摄）

二、对中式传统建筑元素符号的吸收与抽象

虽然天津老城厢十字商业街推倒重建的策略值得商榷，该地区的新建建筑设计仍不失为地域风格建筑设计的优秀作品。这些建筑大都受中国传统建筑的影响，在形体或材质上均有所呼应，在建筑布局上也体现出对传统文脉的传承。

以西北地块为例，这一地块的设计理念是将之前的"卞家大院"、"徐家大院"的主体院落和建筑细部迁建至这一地块中，虽说为"迁建"，但不同于天津老西站这样的"平移"工程，而是将原建筑拆除后进行新建，在保留了原有院落的形制和某些特色后进行重新设计建造。而为了适当提高这一地块的容积率，局部将原有的一层正房改为两层，并增加了地下商业空间，形成了立体复合的商业模式，同时增加了外部空间的趣味性（图14-1-5）。在建筑群的整合设计中，利用当代语汇对传统符号进行重新表达，如将传统建筑

图14-1-3　大剧院远观（来源：刘婷婷 摄）

图14-1-4　大剧院近观（来源：郑涛 摄）

中的"高罩棚"元素（图14-1-6），利用当代的钢与玻璃进行再现，形成有特色的景观节点（图14-1-7）。

　　位于北运河（京杭大运河海河以北段）附近的天津市第35中学的设计，采用了传统江南民居黛瓦粉墙的建筑意向，传承了天津"海""河"文化中"运河文化"南北交融的建筑特征。

　　建筑群设计采用白色墙体配深色压檐的外檐处理方式，配合精巧的深色双坡屋顶，勾勒出出江南民居的典型建筑风格（图14-1-8），局部微曲的屋面形态更是符合江南园林建筑中的墙体形态（图14-1-9）。建筑立面的开窗形式也颇为讲究，以细密的竖向带型窗和小方格窗为主，尽量不破坏大面积白墙的质感，随意组合的小方窗更是具有传统园林

图14-1-5 老城厢西北地块（来源：王浩然 摄）

图14-1-8 天津市35中侧立面（来源：刘婷婷 摄）

图14-1-6 传统建筑的高罩棚
（来源：网络）

图14-1-7 商业入口设计（来源：单长江 摄）

图14-1-9 天津市35中沿街正立面（来源：刘婷婷 摄）

图14-1-10 曲院风荷入口（来源：《蓟县曲院风荷住宅项目会馆》）

建筑活泼、自由的风格特点。

位于蓟州某小区的曲院风荷会馆，对于传统建筑元素进行了更为抽象的概括。蓟州区山区风景秀丽，设计师希望在此地营造出具有传统建筑意境的休闲空间。首先对基地进行了线与面、墙与体的空间关系设计，将方形建筑体量局部挖空作为入口院落和内庭院（图14-1-10），人流被精心设计

的莲池假山与人行步道引导至入口庭院。

在立面造型上则是以中式建筑中的青砖灰瓦、白墙绿树自然地融入青山绿水中，使建筑成为环境的一部分。青砖饰面的主体建筑被白色围墙局部围合，模仿传统建筑房与院的形体关系。白墙灰檐的围墙以工字钢模仿传统院墙的压檐，白色墙面开有方形窗洞，饰以传统园林中的漏窗。建筑局部

采用单坡屋面，并以型钢和等材料模仿传统建筑中的檐椽屋顶（图14-1-11）。建筑利用高窗、漏窗等处理手法在现代的室内空间内营造出有趣的光影变化，使室内环境灵动变幻（图14-1-12）。

中国传统建筑的现代化，从近代起就有许多建筑师不

图14-1-11　建筑鸟瞰（来源：《蓟县曲院风荷住宅项目会馆》）

图14-1-12　局部立面（来源：《蓟县曲院风荷住宅项目会馆》）

断的探索这个课题，发展至今日，已经逐步形成一套较为成熟的体系，发展出"新中式"等建筑风格。天津的建筑传统本就是"五方杂处"、"南北交融"，传统中式建筑的形体、符号借鉴，只要不是刻意的一味复古，就能够有助于形成当代天津的城市风格。

第二节　对近代建筑形体与符号的借鉴

在本书上篇中，曾详细归纳了天津近代建筑常用的形体和符号语汇，在当代建筑设计中，这些符号语汇连同近代建筑的形体语汇都在不断被借鉴。

一、对近代建筑形体的借鉴和变形

天津近代公共建筑的外部造型整体来看存在一些规律。大部分的公共建筑受欧洲古典建筑艺术影响，形体庄重厚实，又有部分建筑以塔楼等细节突出高耸挺拔。晚期的装饰艺术风格则擅长运用高低错落来突出建筑最主要的部分。近代建筑立面外墙通常使用古典风格的壁柱、巨柱或双壁柱强调建筑竖直向的线条，进一步向近现代的发展则将其简化为竖向装饰性线脚。平面设计鲜有突破，一般为"一"字形、和变形的"L"形布置，"L"形布置的建筑入口一般在转角处（图14-2-1）。

南开中学是天津历史最悠久的中学之一，新建的南开第二中学虽不与老建筑毗临，但还是在形体和细部上呼应了老建筑，并延续了老建筑庄重大气的风格。其对称的形体布置、中央高起塔楼的立面造型，借鉴了上图中"一"字形近代建筑的形体组合手法，造型稳重（图14-2-2）。主楼塔楼形成了整个建筑群的视觉焦点，其弧线形塔楼屋顶造型呼应了老校区伯苓楼正中的弧形断山花，建筑主入口的方形门洞中间加设两颗壁柱的手法，与伯苓楼的拱形门洞如出一辙（图14-2-3），这些精巧的设计都意在延续人们对这座古老学校的记忆（图14-2-4）。

原天津工商学院（1925）

耀华中学（1929）

原华俄道胜银行（1900）

天津西站（1909）

犹太会堂（1940）

原新华信托银行（1934）

图14-2-1　天津近代建筑形体抽象（来源：原天津工商学院来自《小洋楼风情》、耀华中学来自百度百科，其余为刘婷婷摄；改绘：刘婷婷）

图14-2-2　南开中学新建教学楼（来源：网络）

图14-2-3　新楼塔楼部分（来源：网络）

图14-2-4　伯苓楼塔楼部分（来源：网络）

装饰艺术风格（Art Deco）是天津晚期近代建筑中最常见的风格，风靡于20世纪30年代天津的高层建筑设计，也极大地影响了当时的大量多层公共建筑和住宅的设计。装饰艺术风格简化装饰、注重几何形体的特点，至今依然影响了大批高层建筑的屋顶设计，也逐渐成为天津当代高层设计中广泛采用的装饰手法，如小白楼商务区某高层，屋顶几何状层层切削、收分，整体形成高耸的尖顶，与五大道的小洋楼建筑群遥相呼应（图14-2-5）；又如华苑高新区的某高层建筑，阶梯状的形体处理配合外立面的金属装饰，体现了装饰艺术风格比较具有"奢华感"的特征（图14-2-6）。

在公寓和住宅的设计中，因为装饰艺术风格介于古典与现代主义建筑之间，其装饰风格亦具有美国"爵士时代"的复古感和奢华感，尤其是屋顶和塔楼部分形体错落有致、装饰语汇丰富。这种几何化的高层建筑屋顶装饰语汇在当代高层公寓和住宅设计中被广泛使用（图14-2-7、图14-2-8）。

图14-2-5　小白楼商务区某高层设计（来源：刘婷婷 摄）

图14-2-6　华苑高新产业区高层（来源：郑涛 摄）

图14-2-7　天津某高层公寓（来源：刘婷婷 摄）

图14-2-8　某高层住宅（来源：郑涛 摄）

二、对近代建筑元素符号的吸收和抽象

　　和平宾馆地处天津五大道之一的大理道，宾馆旧楼曾是一栋西班牙式私人住宅，新中国成立后改为市政府内部招待所。

　　新楼扩建工程竣工于 2002 年，地处旧楼北侧的狭长地带，呈"一"字形布置，与周边的小洋楼相比，新楼体量较大。为了化解建筑过长的体量带来的压迫感，设计将过长的建筑体量切分成两块，中间以玻璃连廊联系，并将玻璃连廊设计为建筑立面的一个亮点（图14-2-9）。建筑采用四坡屋顶的形式与老和平宾馆取得外形上的一致，但立面处理则尽量简化：五大道建筑中常见的窗套被设计为上下层贯通，楔形的拱心石也简化为长方形；玻璃连廊处的小塔楼呼应五大道花园洋房中常见的烟囱意向，上有玻璃与钢材质的拔风帽，细部设计精湛；建筑端头凸出的多边形阳台来源于天津近代建筑尤其是居住建筑中常见的多边形阳台和露台，但经过几何化的抽象与概括，线脚等处理都较为简洁，阳台二层为白色柱廊，配合高耸的烟囱，使得山墙设计别有风味（图14-2-10）。

　　五大道丰富的近代建筑文化遗产提供了一座建筑细部设计的宝库，从装饰符号到立面材料的组合，都有非常多值得借鉴的地方。借鉴—吸收—转化（简化）—创新的思路，对风貌保护区内的新建建筑设计有广泛的借鉴意义。

　　借鉴与模仿西方建筑元素符号的仿欧建筑，是当今天津商业建筑发展的趋势之一，如对佛罗伦萨小镇、天津空港燕莎奥特莱斯等步行商业街，都在建筑外立面上对西方建筑元素进

图14-2-9　和平宾馆细部（来源：华汇建筑官网）

图14-2-10　和平宾馆新楼山墙（来源：华汇建筑官网）

行了集仿。但大多处于单纯的元素集合和细节模仿阶段，缺乏抽象概括和再创造的过程。

　　丰富多彩的建筑符号是当代天津建筑设计一座取之不尽的宝藏，但在当代建筑的设计中，一味地仿古是不可取的。建筑在满足形式美的同时需要表达时代精神，一味地符号堆砌和形式复古或许可以满足某些商业建筑的猎奇要求，但并不能满足市民对新时代的城市风貌的需求。在大多数公共建筑及住宅建筑的设计中，借鉴传统建筑经典形体进行创新，或用当代的材料和工艺对传统建筑装饰进行"删繁就简"和再创造，才是当代建筑发展的一条可取之路，才能更好地传承天津这座历史文化名城的建筑特色，赋予这座城市更为光辉灿烂的明天。

第十五章　基于材料与工艺的天津当代地域建筑创作特色

　　近代中国，在"西风东渐"的文化影响下，中国设计师已经在努力探讨将"西方建筑中国化"的问题，即所谓"西体中用"，但传统四合院民居式微，公共建筑形体又大多追随西方，所以往往最终将落脚点放在材料和细部上。近代中国建筑师在天津的建筑实践，较为偏爱天津特有的硫缸砖，并努力将中国传统纹样装饰融入西方建筑形式语汇中，借此来营造"中国特色"。

　　当代建筑设计中，运用地方特有的材料和工艺是营造地域风格建筑的一个重要方式，硫缸砖以及近代建筑中常见的水刷石、拉毛混凝土等材料在天津当代建筑中依然有不少应用。在审美潮流、创作手法都非常多元化的今天，当代建筑创作的流行趋势和天津地方建筑材料、工艺相结合，出现了许多生动活泼的当代建筑案例。

第一节   天津特色材料、工艺传承与当代建筑艺术趋势

天津地区传统的砖石烧制、砌筑、雕刻工艺都非常发达，这些传统材料、工艺赋予了天津近代建筑"中西合璧"的独特美感。以解放路和承德道交口处的朝鲜银行为例，建筑虽为欧式古典风格，但完全采用红砖砌筑，外墙的巨大柱式和各种凹凸有致的线脚都是用小砖垒砌而成，代表了天津近代砖石砌筑工艺的较高水平。在晚期装饰主义风格的近代建筑中，大规模工业化生产方式已经开始影响建筑的外观和建构方式。在技术、材料越来越进步的今天，这种影响已经越来越明显，乃至发展成为一种专门的设计语汇，其中最突出的是"表皮化"与"透明化"设计。

一、表皮化

"经过波普、解构、后现代对建筑意义的不断消解，以及当代社会中无孔不入的商业影响，使得建筑美学发生了转变，建筑逐渐从绅士走向了嘻哈，建筑意义从形式走向了表皮。"[1]随着社会信息化的发展，无论是传统的砖石雕刻还是工业化生产的浅浮雕，已经不能满足每天被各种视觉信息包围的现代人的审美需求。这是一个快节奏的社会，建筑的体验方式也发生着转变，在车水马龙的街道上，精致的花活、浮雕在人们的匆匆一瞥中很容易被忽视，建筑这种大众艺术需要迅速的抓人眼球，并在一众建筑中脱颖而出。

建筑立面装饰的发展衍生出当下流行的"表皮"设计。从另外角度看，这类建筑区别于传统的实体体量感，意味着建筑外观由沉重到轻盈、从实体到透明或半透明。

当下流行的"参数化"设计，就是利用各种参数控制建筑立面的形体、纹理的变化，一些设计同时试图用理性的思维方式为建筑的外观和内部空间之间寻找某种联系。如在滨海新区

于家堡指挥中心的设计中，建筑立面就是以各个房间日照、通风的要求为参数进行外立面遮阳百叶的设计（图15-1-1）。

在泰达城的某商业设计中，三层的沿街商业建筑采用当下流行的方盒子加大面积玻璃幕墙的处理方式，不同的是建筑还有一层菱格形"网眼"状的外衣，在一众临街商业建筑中非常独特。砖成为建筑玻璃幕墙之外的第二层表皮（图15-1-2）。褐色硫缸在近代建筑中非常常用，硫缸砖的使用呼应着基地悠久的历史，同时这种独创性的砌筑方式对于硫缸砖的结构性能来说也是一种挑战（图15-1-3），表明在传承优秀传统的同时，当下的建筑施工、砌筑工艺也在不断进步与发展。

二、透明化

"从空间的知觉感受而言，材料的意义首先在于它的透明性，这一属性直接决定了空间的明暗及其限定的强弱。"[2]作为一种工业化时代意趣，玻璃以其通透性在近现代建筑中大受欢迎，同时，介于"明"与"暗"之间的"半透明表皮"也是当今建筑的一个热门话题。有许多知名建筑师就非常擅长在建筑表皮的半透明性上大做文章，如彼得·卒姆托（Peter Zumthor)设计的奥地利布里根斯(Bregenz)艺术博物馆，运用精密的构造将质感朦胧的毛玻璃设计成一层包在建筑外的"鱼鳞"（图15-1-4）。

随着时代的发展，毛玻璃、玻璃砖、"U"形玻璃等材料的不断发展也为建筑表面的"透明性"提供了更多的可能性。各种材料的格栅和玻璃结合的双层外墙设计，几乎成了日本建筑师隈研吾的标志，他一方面孜孜不倦的探求塑料等新材料在建筑上的应用，另一方面，对于木材、石材、竹子、瓦片等传统建筑材料在外立面的运用也非常得心应手，设计出许多亲近自然、尊重传统的建筑作品，为传统东方建筑的开拓创新树立了一面旗帜（图15-1-5）。

---

① 陈镌，莫天伟. 从建筑表皮到表皮建筑[J]. 新建筑，2008.
② 史永高. 材料呈现:19和20世纪西方建筑中材料的建造、空间双重性研究[M]. 南京：东南大学出版社，2008.

图15-1-1   于家堡指挥中心（来源：《参数化设计——天津滨海新区中心商务区于家堡金融区临时工程指挥部》）

图15-1-2   泰达城某商业表皮设计（来源：刘婷婷 摄）

图15-1-3   硫缸砖的砌筑方式（来源：刘婷婷 摄）

图15-1-4   布里根斯博物馆
（来源：《彼得·卒姆托建构理
念探析》）

图15-1-5   知博物馆（来源：《城市·环境·设计》）

在天津泰达城展示中心的设计中，方形建筑体量的表皮抽象于钻石的切割形态，晶莹剔透并通过母题重复塑造出丰富的立面形式，形成璀璨的建筑外观效果。马赛克式的彩色玻璃外墙，折射出流光溢彩的画面，这一兼具标志性与象征性的展示建筑，代表着泰达城未来的新形象，已经成为海河之端一颗璀璨的明珠（图15-1-6）。

图15-1-6   天津泰达城展示中心外观与表皮（来源：魏刚 摄）

第二节　基于建筑材料、色彩的天津当代地域建筑表达

一、材料——砖、混凝土等材料的当代表达

砖在天津中式传统及近代建筑中均有非常广泛的应用。红色、浅褐、深褐色的各色硫缸砖，赋予了天津近代建筑别样的风采。旧时天津制砖业发达，砖块按颜色可以大致分为红砖和青砖。这两种砖除了直观的颜色不同外，青砖在抗氧化、大气侵蚀等方面性能明显优于红砖。但是因为青砖的烧制工艺复杂、能耗高、产量小，且难以实现自动化和机械化生产，所以大规模工业化制砖设备问世后，红砖的利用得到了突飞猛进的进展。

青砖是天津老城传统建筑中最常用的材料。目前老城厢内外保存着三十多处青砖砌筑的庙宇、传统民居、书院会馆等历史建筑，大面积使用的青砖，体现了中国传统建筑的独特韵味。红砖则在近代老城区和租界区都得到了广泛的应用。在天津数量庞大的近代建筑遗产中，砖墙自身是一种非常活泼的装饰元素，这些在本书上篇中已有详述。

　　老城区近代建筑擅长发挥砖这种元素自身的装饰性，并擅长运用红砖与青砖的搭配进行建筑外檐设计；近代租界建筑则擅长将砖与混凝土、水刷石、石材等材料结合起来获得丰富的立面效果。天津当代建筑，也自然继承了这一传统。

　　天津拖拉机厂项目的融创售楼处设计，为了呼应基地悠久的历史，采用了传统形式和材料进行设计。屋顶采用传统坡屋顶的变形——双坡折线形屋顶，并以镀锌钢板覆盖，呈现出与传统建筑不同的轻盈坡屋面（图15-2-1）。红砖和玻璃是该建筑立面的主要材料，砖的砌筑方式借鉴了疙瘩楼的手法，将砖块以规则的形式凸出立面，简单的立面设计因为砖块的纹理呈现出活泼、自然的风格（图15-2-2）。建筑虽以传统材料建造而成，但简洁利落的细部设计赋予建筑特有的现代感。

　　同样是在天拖项目中，保留的老厂房部分将成为功能复合的商业区。天津拖拉机厂历经沧桑的老厂房在改造后焕然一新，立面设计突出原厂房中的拱形窗洞、牛腿柱等元素（图15-2-3），原有老厂房的立面较为简单，重新改建的立面以老厂房中的拱券元素为基本元素进行设计。屋顶由原有的平顶改为了拱形顶，拱形山花中砖的砌筑形式模仿传统建筑用于通风的"十字纹"砌筑方式，并选择了更有沧桑感的红灰色砖（图15-2-4）。立面拱券的装饰形象与拱形的屋顶进行呼应。红砖这一天津传统材料搭配混凝土工业构件，营造出独特的历史沧桑感。

　　在本书中篇中，曾详细分析过近代建筑砖与混水墙面两种材质的立面组合方式以及砖、石材、水刷石、混水墙面等三种或三种以上的立面材质进行组合的外檐做法，现在，这种组合方式依然用在某些当代建筑的设计中。

　　万科的霞光道五号别墅区，采用五大道常见的英式坡屋顶和深色砖墙，在入口的处理上，采用拱形门洞作为入户门并抬高半层做地下室、室外楼梯直接进入一层的手法，与五大道近代里弄住宅的入口处理非常相似。一层墙面使用与上部砖墙不同的粗糙石块质感面砖，增强基座的稳定感，这也是天津近代小洋楼常用的处理手法（图15-2-5）。

图15-2-1　天拖售楼处屋顶（来源：网络）

图15-2-2　天拖售楼处立面（来源：刘婷婷 摄）

图15-2-3　天拖改造老厂房（来源：刘婷婷 摄）

拉毛混凝土、干黏石、水刷石等工艺在天津近代建筑中有非常广泛的应用。这些传统材料在当代高楼大厦中虽然没有那么常见，但依然在一些设计精巧的建筑中被传承和发

扬。如五大道附近郑州路的一栋新建建筑，就借鉴了五大道中常见的灰色水刷石与红砖砖墙的搭配，以呼应基地的悠久历史和传统（图15-2-6）。

南开大学MBA楼是天津高校建筑中的代表，位于南开区白堤路上，与南开大学主校区隔路相望。建筑应对设计所营造的意境和空间需求，结合甲方对建筑外观标志性的要求，提出了非常简练的设计概念："灰台子"、"白盒子"、"红笼子"，即用灰白红三种不同颜色的体块体现建筑不同功能之间的穿插和咬合关系（图15-2-7）。

设计者面对每平方米 1600元的造价限制，希望能通过改进传统材料和创造适宜的建造技术降低造价。"灰台子"、"白盒子"都比较容易达到要求，困难的是"红笼子"结合设计的用意，"红笼子"要表达中式传统方格窗效果，从而在立面突出设计中的传统意境。最终，出于降低造价的要求，设计师采用混凝土在施工现场浇筑代替了原有的

图15-2-4 天拖立面细节（来源：刘婷婷 摄）

图15-2-5 霞光道五号（来源：《栖居·万科的房子》）

图15-2-6 郑州路某建筑（来源：刘婷婷 摄）

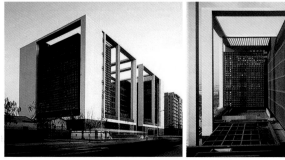

图15-2-7 南开MBA教学楼（来源：华汇设计官网）

木格栅设计，然后再在表面喷涂上一层粗质感的涂料。总共5800多块格子就是用这种方法现场浇筑并人工喷涂完成的，最终建筑在保证效果和控制造价上都达到了要求，可谓是对传统的混凝土材料的表现力进行的一种大胆探索。

二、色彩——华与洋、灰与红的交响

在传统建筑中，建筑的色彩很大程度上是由材料决定的。如青砖和红砖分别为老城厢和近代租界的比较有代表性的两种材料，灰色和红色随之而成了这两个区域比较有代表性的色彩，并在旧城更新中不断被借鉴使用。

在老城厢鼓楼商业区的改造中，十字街四角的四个地块为不同设计单位设计，设计手法也都不尽相同，但都不约而同地选择了浅灰色作为其建筑基调，形成连续、完整的传统历史文化街区氛围（图15-2-8）

在租界区中，以泰安道五大院为例，由于其基地位于原英租界核心区，其附近租界虽然也有不少灰色青砖、大理石贴面建筑，但基于近代租界建筑的整体色彩趋势，还是选择了砖红色为其基本色调。五个院落的设计，虽然时间跨度较大、功能不同、形体设计和布局也有区别，但五个院落采用了统一的红砖作为立面主要材质，使得这五个大院成为有机统一的整体（图15-2-9），也成为近代历史街区中的一道独特风景线。

天津在很多年前已经在城市规划中注重对城市风貌的控制，1994年制定的五大道地区的管理规划，就开始拆除私搭乱建等违规建筑，并将建筑按年代分为20～40年代，40～70年代、70～90年代三类，并对每类建筑进行密度、高度和色彩控制，才有了我们今天看到的风貌和谐的五大道地区。将城市规划深入做细，完善城市规划导则，对区域内建筑色彩、高度等进行科学合理的控制，对城市风貌管理大有裨益，对于天津这样的历史文化名城如是，对于我国大部分城市也同样适用。

"红"与"灰"的基调延续了天津近代建筑与传统建筑的色彩文脉；砖、混凝土、水刷石等材料在当代建筑中依然大放光彩，并且在当代建筑表皮化与透明化的流行趋势下，

图15-2-8　老城厢十字街设计方案（来源：《天津鼓楼商业街改造设计方案》）

图15-2-9　五大院鸟瞰图（来源：泰安道五大院宣传页）

有了更多创造性地运用；天津传统建筑砖石雕刻、砌筑工艺在当代以新颖材料精致营造的方式获得了新生，传统材料、工艺的生命力由此可见一斑。传统并不是僵化的，所谓的传统其实离不开想象与创造，一代代建筑师与建造者的感悟和积淀被口传心授地传承下去，并跟随着时代不断变化发展，从而使传统更加地鲜活。

第十六章　结语

　　天津这座传统城市在新世纪正在迸发出无限的活力，天津拥有丰富的历史建筑资源和追求精致生活的城市底蕴，相信在总结传统建筑特色和当代建筑成功经验后，天津城市建筑的地域化实践会有更光明的未来。

第一节 独特的天津 丰富的历史

天津作为一座历史文化名城，其保留的中国古代建筑遗存在数量和质量上都无法与周边的北京和河北媲美，但其独特性在于，天津是中国封建社会中少有的自发形成的商业城市，其传统建筑形态在遵循中国传统建筑基本制式的基础上，体现出更多的灵活性、创造性和包容性。

灵活性——"四合套"以"箭道"串联院落的居住建筑布局，不仅增加了各个四合院的独立性，方便了院落的联系，同时更是方便与各个独立院落的出租和出售，其形式的产生就带有一定的商业方面的考虑。

创造性——独具特色的戏台空间，以中国传统建筑的结构形式创造出了丰富多样的室内空间，相当于中国传统建筑中的"共享空间"，其空间的开放性和功能的灵活性也在很大程度上适宜商业活动的开展。

包容性——天津各种丰富多样的外来建筑形式，如天后宫、清真大寺等建筑，更是体现出商业文化的极大包容性。

如果说天津的古代建筑凸显出了"五方杂处"这个形式特点的话，"中西合璧"则是用来概括总结天津的近代建筑，这是天津历史建筑更为明显的一个特征。"近代中国看天津"，中国近代百年的沧桑巨变凝结成了一座座精美、古朴的近代建筑，成为天津这座城市最为独特的历史资源。

无论是近代"北洋新政"主动学习西方建设的"河北新区"，还是各国列强强行划定的租界区，天津的近代建筑都不可避免的走上了"西洋化"的道路。结构形式更为现代，功能分区更为明确，形式也越来越适应近代工业社会的发展需要。在天津，在历史巨轮的推动下，天津传统建筑的西洋化似乎不可避免。

租界建筑首先奉行了"拿来主义"的策略，租界建筑几乎是一部浓缩的西方近代建筑史，1900年前后也恰逢西方建筑从古典到现代的变革期，各种新形式、新思潮层出不穷，传至东方后，有些建筑又融入了中国特色的民族形式或装饰。跨越古典与现代、东方与西方的丰富多样的建筑遗产，似乎已经不

单单是"万国建筑博览会"这样的称号可以概括了，在学术研究上，天津的近代建筑也具有非常巨大的价值。

租界之外的老城区，其近代建筑则有更为明显的中国传统建筑烙印。装饰形象中西合璧，在材料选择上也多使用中国传统建筑中的砖石材料。建筑整体风格朴素端庄，虽然在形式上借鉴了西方的古典三段式或装饰主义等形式，但整体上体现出非常浓厚的中国传统特色，不失为中国传统建筑近代化的成功实践。

近代建筑是天津建筑发展史中的重要一环，经过近代建筑的发展演变，天津的建筑发展没有从中国传统建筑直接跳跃至现代主义建筑或者后现代等流行思潮中，而是积淀下了丰富的空间、形式语汇和材料装饰语汇，这些语汇对于天津当代建筑的传承和发展都是极为宝贵的借鉴资料。天津的当代建筑也在一定程度上延续了天津古代和近代建筑精致、讲究的特点，并且延续了天津建筑一贯的灵活性、创造性和包容性的传统。

第二节 天津当代地域建筑创作的总结

天津是中国城市中唯一有确切建城年代记载的城市，至今已有600余年历史，也是中国近代最先开埠的一批沿海通商口岸之一，近代百年中租界的建设得到大力发展，使得城市形态和形象受西方规划、建筑设计思潮的影响颇深。天津的城市文化也形成了"五方杂处、中西合璧"的"河""海"文化特色，对于中国传统文化的不懈追求和对于西方文化的开放接纳，是天津城市建筑文化的两个重要落脚点。

在当下全球化浪潮的冲击和我国快速城市化的背景下，传承地域文化的文脉成为一个非常紧迫的问题，天津的建筑实践给出了许多优秀的经验。

首先，天津在传承地域文脉、传统空间、元素和材料等方面都有许多独到之处，特别是出现了一批如泰安道五大院、水晶城等"慢工细活"的精品建筑设计，在传承文脉、

继承装饰和空间语汇乃至材料的运用上都非常到位讲究，建筑整体体现出非常浓厚的"天津卫"地域特色。在当下中国城市建设环境比较浮躁，奇景建筑层出不穷的今天，天津的城市建设始终是"稳扎稳打"、有条不紊地进行，老城更新也是稳步有序地推进，城市历史风貌保存良好，可以部分归功于这种不急不躁的"慢节奏"城市建设，在当下是值得借鉴和推广的。

其次，天津的建筑设计更是表现出一种"开放性"和"前瞻性"，市中心区、滨海新区、中新生态城等均以开放心态接纳各国建筑师，出现了不少既呼应地域风格，又放飞想象力的建筑作品。在住宅区规划中，也在很早就践行了国际上比较流行的"小街区、密路网"的规划思想，体现出天津这个城市面对国际设计新思潮的高度敏感性。

通过对天津当代地域风格建筑设计的梳理和归纳，也可以发现天津的地域建筑发展有以下不均衡的现象出现，一些情况应吸取教训：

一、在天津城市中心区建筑文化传承较好，在环城四区以及远郊区鲜有优秀的案例

环城四区中的杨柳青镇、远郊县中的宝坻、蓟州等地区也都是天津传统文化积淀深厚的地区，但是在当代建筑设计实践中传承地域文化的案例却非常少，城市建设依然是"国际式"建筑为主导，对传统建筑文化传承的重视不够，部分历史街区、城区建设缺乏系统的规划指导。

二、对中国传统建筑空间与特色的挖掘还不够

天津老城厢面积本就只有租界区1/8，加上保护不力，导致天津从近代至当代，城市风貌比较西化，传承西方建筑风格、语汇的建筑案例很多，但传承中国传统建筑的则少之又少，且大部分还集中在高校建筑等文化建筑中。中国传统建筑的当代传承，本身就是一个非常值得深入研究

的课题，天津建筑师们应该多向陕西、四川、云南等传统建筑传承较好的省市学习，更多地挖掘"600年的天津"传统建筑文化的魅力，让天津"两个文化入口"的城市特色得以保留和发扬。

第三节 天津当代地域建筑创作发展的展望

天津当代地域建筑的创作，应当结合天津独特的自然地理、人文资源等条件，本着地域性、整体性、适用性、生态性等原则进行创作。

地域性——天津城市历史的发展就与其依"河"傍"海"的地理位置特色有很大的关系，由此形成的独特"水文化"和"海洋文化"特质是天津城市的两大重要特色，可以在今后的某些基地较有特色的建筑设计中进行更多地考虑和呼应。

整体性——在本书上一章中已经总结出天津历史建筑的色彩特点，即红与灰交相呼应的特点，至今为止，天津中心城区历史街区及附近街区的建筑色彩等控制是较为成功的，但明显环城四区及远郊区县的整体规划控制不足，其建设缺乏有效的规划引导。另一方面，城市建筑的色彩、风格也需要多样性，纵使天津保留的历史建筑资源丰富，但新建建筑更应体现时代性和创造性，跟随建筑设计的发展前进方向，不需一味借鉴历史符号和历史色彩，建设大量的"假古董"。

适用性——本书上文中提出的"自然环境"、"文脉传承"、"空间变异"、"风格、形体、符号"、"材料与工艺"地域建筑传承的五个原则性方向，在具体建筑设计中应遵循灵活适用、有的放矢的原则，切勿生硬地照搬和模仿现有案例。

生态性——"绿色"建筑是当今全世界建筑发展的一个方向，结合天津特色的地热、水资源与当今的各种先进技术进行建筑设计，是天津地域建筑发展的一个重要方向。

天津的地域建筑设计应在这些原则指导下，深入挖掘天津传统建筑的地域特色，包括自然、人文和技术特点，同时要结合当下的时代发展、技术条件、大众审美等元素加以体现，避免流于表面的符号元素拼贴设计。同时，结合当下绿色建筑的发展趋势，将地域建筑设计与生态节能结合起来，也是地域建筑发展的一个重要方向。相信在深厚的历史和人文积淀影响下，天津这座历史文化名城会逐步建设成为更加具有人文特色和文化自信的国际化大都市。

参考文献

Reference

[1] 天津市地方志编修委员会. 天津通志·城乡建设志［M］. 天津：天津社会科学院出版社，1996.

[2] 西青区编纂委员会. 西青区志［M］. 天津：天津社会科学院出版社，2003.

[3] 蓟县文物志编纂委员会. 蓟县文物志［M］. 天津：天津人民出版社，2014.

[4] 天津市蓟县盘山志编纂委员会. 天津市·盘山志［M］. 天津：天津社会科学院出版社，2006.

[5] 滕少华，荆其敏.天津建筑风格［M］. 北京：中国建筑工业出版社.

[6] 吴延龙，路红等. 天津历史风貌建筑——居住建筑卷一［M］. 天津：天津大学出版社，2010.

[7] 吴延龙，路红等.天津历史风貌建筑——居住建筑卷二［M］. 天津：天津大学出版社，2010.

[8] 吴延龙，路红等. 天津历史风貌建筑——公共建筑卷一［M］. 天津：天津大学出版社，2010.

[9] 吴延龙，路红等. 天津历史风貌建筑——公共建筑卷二［M］. 天津：天津大学出版社，2010.

[10] 冯骥才.小洋楼风情（公共建筑）［M］.1版.天津:天津教育出版社，1998.

[11] 冯骥才.小洋楼风情（居住建筑）［M］.1版.天津：天津教育出版社，1998.

[12] 贾长华. 天津老照片［M］. 天津：百花文艺出版社，2011.

[13] 贾长华. 老城旧事［M］. 天津：天津古籍出版社，2004.

[14] 章用秀. 天津的园林古迹［M］. 天津：天津古籍出版社，2004.

[15] 毕自严. 督饷疏草［M］. 明天启年间[1621-1627].

[16] 陈锦. 补勤诗存［M］. 清光绪三年[1877]橘荫轩增修本.

[17] 百一居士. 壶天录［M］. 清光绪申报馆丛书本.

[18] 刘义树，赵继华. 天津文化通览·大直沽探古［M］. 天津：天津社会科学院出版社，2005.

[19] 读书时代. 中国名人故居游学馆·天津卷［M］. 北京：中国画报出版社，2005.

[20] 天津市委员会文史资料委员会. 天津老城忆旧［M］. 天津：天津人民出版社，1997.

[21] 张江裁.天津杨柳青小志［M］. 据民国二十七年影印.

[22] 于敏忠. 日下旧闻考［M］. 清乾隆年间.

[23] 张俊英. 天津百年老街中山路［M］. 天津：天津科学技术出版社，2008.

[24] 蔡习军. 清代蓟州皇家胜迹［M］. 天津：天津人民出版社，2008.

[25] 李尧祖等. 天津城市历史地图集［M］. 天津：天津古籍出版社，2004.

[26] 哲夫等. 明信片中的老天津［M］. 天津：天津人民出版社，2000.

[27] 杨永生. 中国四代建筑师［M］. 北京：中国建筑工业出版社，2002.

[28] 同济大学建筑与城市规划学院.罗小未文集［M］. 上海：同济大学出版社，2015.

[29] 诺曼舒茨(Christian Norberg-Schulz). 场所精神——迈向建筑现象学［M］. 施植明译.华中科技大学出版社，2010.

[30] 许乙弘. Art Deco的源与流—中西"摩登建筑"关系研究

［M］. 南京：东南大学出版社，2006.

[31] 格雷戈里·布拉肯(Gregory Bracken). 上海里弄房［M］. 孙娴译. 上海：社会科学院出版社，2015.

[32] 芦原义信. 街道的美学［M］. 尹培桐译. 天津：百花文艺出版社，2006.

[33] 克利夫·芒福德(Cliff·Mount Crawford). 美化与装饰［M］. 韩冬青，李东，屠苏南等译. 北京：中国建筑工业出版社，2004.

[34] 阿尔多·罗西. 城市建筑学［M］. 北京：中国建筑工业出版社，2006.

[35] 政协天津市河北区委员会，天津市龙鑫房地产开发有限公司. 天津百年老街中山路［M］. 天津：科学技术出版社，2008.

[36] 史永高. 材料呈现：19和20世纪西方建筑中材料的建造—空间双重性研究［M］. 南京：东南大学出版，2008.

[37] 香港科讯国际出版有限公司. 栖居·万科的房子［M］. 湖北：华中科技大学出版社，2009.

[38] 王苗. 中西文化碰撞下的天津近代建筑发展研究[D]. 天津：天津大学博士论文，2013

[39] 孙亚男. 阎子亨设计作品分析[D]. 天津：天津大学硕士论文，2011.

[40] 沈尧. 基于空间组构的历史街区保护与更新影响因子与平衡关系研究[D]. 天津：天津大学硕士论文，2011.

[41] 刘淼. 天津"五大道"历史街区的空间肌理研究及其在保护更新中的延续与重构[D]. 天津：天津大学硕士论文，2007.

[42] 王宁. 天津原法租界的形态演变和空间解析[D]. 天津：天津大学硕士论文，2010.

[43] 王丹辉. 天津当代中小学校园更新改造研究[D]. 天津：天津大学硕士论文，2007.

[44] 孙博怡. 地域性的设计方法在天津当代建筑设计中的应用[D]. 天津：天津大学硕士论文，2009.

[45] 王宏宇. 塘沽近代城市建设史探究[D]. 天津：天津大学硕士论文，2011.

[46] 卞洪滨. 小街区密路网住区模式研究——以天津为例[D]. 天津：天津大学博士论文，2010.

[47] 王丹辉. 天津当代中小学更新改造研究[D]. 天津：天津大学硕士论文，2007

[48] 解琦. 天津老城厢鼓楼街区更新改造[D]. 天津：天津大学硕士论文，2007.

[49] 张微. 天津老城厢历史性居住建筑保护更新策略研究[D]. 天津：天津大学硕士论文，2007.

[50] 王琳峰. 明长城蓟镇军事防御性聚落研究[D]. 天津：天津大学博士论文，2011.

[51] 张晓东. 辽代砖塔建筑形制初步研究[D]. 吉林：吉林大学博士论文，2011.

[52] 朱蕾. 境惟幽绝尘，心以静堪寄——清代皇家行宫园林静寄山庄研究[D]. 天津：天津大学硕士论文，2004.

[53] 赵津. 天津金融街的建筑文化[J]. 天津：城市史研究，1998，Z1：131-138.

[54] 沈磊. 天津文化中心的传承与创新[J]. 天津：城市环境设计，2013，071(05)：244-247.

[55] 文兵. 精神与历史同行，大沽口炮台遗址博物馆设计[J]. 北京：建筑创作，2006，04：36-43.

[56] 吴书驰，田垠. 泰安道五大院之空间处理与场所营造[J]. 武汉：华中建筑，2015，038(03)：187-190.

[57] 王丽方. 对十九世纪西方建筑史的几点思考[J]. 北京：世界建筑，2002，11：83-85.

[58] 滑际珂. 蓟县曲院风荷住宅项目会馆[J]. 天津:城市环境设计，2012，061：212-217.

[59] 周凯，张一. 参数化设计天津滨海新区中心商务区于家堡金融区临时工程指挥部[J]. 北京：时代建筑，2010，05：80-85.

[60] 夏青. 天津五大道多元建筑文化的魅力[J]. 北京：中国文化遗产，2008(03)：26-33.

[61] 黄元炤. 基泰工程司上：从开拓到趋于稳定的阶段——津京时期[J]. 深圳：世界建筑导报，NO155：29-33.

[62] 莫振良. 简论天津城市的文化特质[J]. 城市史研究，2000，Z1：126-136.

[63] 林耕，刘辉. 天津老城传统民居[J]. 城市，2003(03)：50-52.

[64] 崔锦. 精美绝伦的津门刻砖[J]. 天津市社会主义学院学报, 2011(04)：62-64.

[65] 王明浩，李小羽. 保护历史传统建筑 保持天津城市特色[J]. 城市, 2006(04)：4-8.

[66] 夏青. 天津老城区及其传统建筑的保护开发与利用[J]. 天津城市建设学院学报, 2000, 01:：19-24.

[67] 沈旸. 明清时期天津的会馆与天津城[J]. 华中建筑, 2006, 05(11)：102-107.

[68] 安宝聚. 天津广东会馆与近代传统建筑的变化与发展[J]. 中国名城, 2010(11)：41-44.

[69] 毕留举. 从天津老城区"通庆里"建筑装饰特色看天津地域文化的包容性[J]. 现代城市研究, 2013 (08):59-62.

[70] 郑民德，刘杨. 京杭大运河与城镇变迁——以清代天津杨柳青为视角的历史考察[J]. 聊城大学学报：社会科学版, 2014(05)：7-14.

[71] 田涛，张晓晗. 明清以来小城镇的历史变迁：以天津地区为例[J]. 经济社会史评论, 2014 (00)：134-147.

[72] 由志保. 从天津杨柳青石家大院浅谈民居雕塑装饰中的"形"与"意"[J]. 艺术与设计, 2009 (03):104-106.

[73] 聂蕊. 继承与创新——解析天津石家大院[J]. 四川建筑, 2006, S1:82-85.

[74] 陈宇琳."山–水–城"艺术骨架建构初探——以千年古县蓟县为例[J]. 城市规划. 2009 (06)：33-40.

[75] 陈宇琳. 结合自然的中国传统山地园林设计方法研究——以清代静寄山庄为例[J]. 华中建筑, 2012 (09)：88-93.

[76] 张媛等. 基于生态伦理的古村保护与发展研究——以天津市西井峪历史文化名村保护规划为例[J]. 城乡治理与规划改革—2014中国城市规划年会论文集, 2014.

[77] 罗哲文. 谈独乐寺观音阁建筑的抗震性能问题[J]. 文物, 1976 (10)：71-74.

[78] 弓蒙. 山里的风景——记天津蓟县盘龙谷演艺中心[J]. 建筑技艺, 2015 (01)：90-95.

天津市传统建筑解析与传承分析表

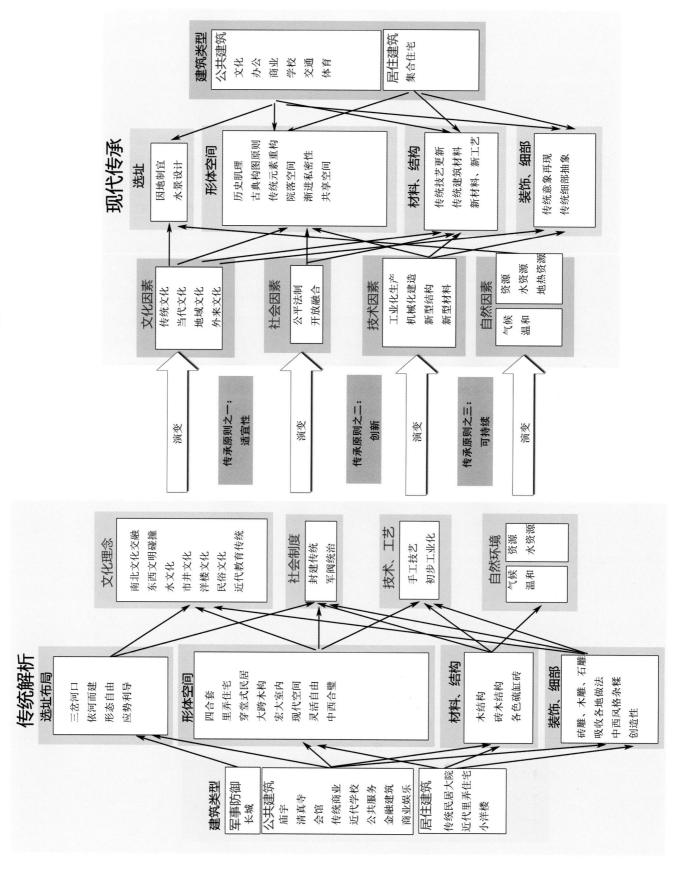

现代传承

建筑类型
公共建筑
文化
办公
商业
学校
交通
体育
居住建筑
集合住宅

选址
因地制宜
水景设计

形体空间
历史肌理
古典构图原则
传统元素重构
院落空间
渐进私密性
共享空间

材料、结构
传统技艺更新
传统建筑材料
新材料、新工艺

装饰、细部
传统意象再现
传统细部抽象

文化因素
传统文化
当代文化
地域文化
外来文化

社会因素
公平法制
开放融合

技术因素
工业化生产
机械化建造
新型结构
新型材料

自然因素
气候
温和
资源
水资源
地热资源

演变
传承原则之一：适宜性
演变
传承原则之二：创新
演变
传承原则之三：可持续
演变

传统解析

文化理念
南北文化交融
东西文明碰撞
水文化
市井文化
洋楼文化
民俗文化
近代教育传统

社会制度
封建传统
军阀统治

技术、工艺
手工技艺
初步工业化

自然环境
气候
温和
资源
水资源

选址布局
三岔河口
依河而建
形态自由
应势利导

形体空间
四合套
里弄住宅
穿堂式民居
大跨木构
宏大室内
现代空间
灵活自由
中西合璧

材料、结构
木结构
砖木结构
各色硫缸砖

装饰、细部
砖雕、木雕、石雕
吸收各地做法
中西风格杂糅
创造性

建筑类型
军事防御
长城
公共建筑
庙宇
清真寺
会馆
传统商业
近代学校
公共服务
金融建筑
商业娱乐
居住建筑
传统民居大院
近代里弄住宅
小洋楼

后 记

Postscript

　　在进行本书的编写工作时，我们都被天津传统建筑精巧的设计所深深震撼，深感自己在做的是一份非常有益于社会发展和文化传承的工作，由于编写时间较为紧迫，本书难免有很多疏漏和不足之处，但在这段时间内，编写组成员都在传统建筑智慧与美学的浸润下，进行了非常多的思考，同时对于当代建筑设计有了更为深刻的认识。

　　天津传统建筑及近代建筑特色明确、风格突出，在当代传承案例的选择中，我们尽量避开了一些一味仿古、仿欧的建筑案例，而是倾向于一些以创新的方式传承传统建筑精髓及文脉的建筑作品，因为时代毕竟在进步，真正的传承应该是不停地创新与前进，这才是对于民族建筑文化的真正传承和发展。

　　本书编撰时间虽短，却凝结了编写组成员的大量辛苦劳动和付出，编写组进行了大量的资料搜集和实地调研，牺牲了多个节假休息日，借此机会深表感谢。此处，介绍本书编撰工作的具体分工如下：

　　朱阳：大纲及内容策划，全书最终审定。

　　刘婷婷：绪论、本书中下篇的编写及插图。

　　王伟：本书上篇的编写及插图。

　　王蔚：本书中、下篇的内容策划和修改工作。

　　此外，刘铧文为本书提供了大量的历史建筑基础资料，张猛、冯科锐、王浩然、单长江、陈孝忠、郑涛、朱磊、刘畅等为本书提供了部分照片插图资料，在此也深表感谢。

　　在本书的编写过程中，参考了一批天津大学关于天津本土建筑的硕士、博士论文，在此对这些论文的作者表示感谢。

　　这项工作也得到了天津市城乡建设委员会有关领导和部门的指导，在此对他们的付出和支持表示由衷的感谢！